高职高专建筑类专业"十三五"规划教材

土木工程 CAD

主 编 董 岚

副主编 王立松

西安电子科技大学出版社

内 容 简 介

　　本书依据 CAD 制图最新标准，结合 CAD 技能等级考评要求，以培养高技能人才为目标进行编写。全书共 11 个项目，主要介绍了 AutoCAD 基础知识、绘制图形前的准备工作、平面图形的绘制与编辑、文字与表格、尺寸标注、图块的创建与应用、建筑施工图的绘制实例、水利工程图的绘制实例、三维图形的绘制与编辑、打印输出等内容。

　　本书可作为高职高专院校建筑、水利类相关专业的教材，也可作为工程技术人员的参考书。

图书在版编目(CIP)数据

　　土木工程 CAD / 董岚主编. —西安：西安电子科技大学出版社，2018.9

　　ISBN 978–7–5606–5089–0

　　Ⅰ.① 土…　　Ⅱ.① 董…　　Ⅲ.① 土木工程—建筑制图—计算机制图—AutoCAD 软件

　　Ⅳ.① TU204-39

中国版本图书馆 CIP 数据核字(2018)第 212150 号

策划编辑　　高　樱

责任编辑　　闵远光　　雷鸿俊

出版发行　　西安电子科技大学出版社（西安市太白南路 2 号）

电　　话　　(029)88242885　88201467　　　　邮　编　710071

网　　址　　www.xduph.com　　　　　　　　电子邮箱　xdupfxb001@163.com

经　　销　　新华书店

印刷单位　　陕西天意印务有限责任公司

版　　次　　2018 年 9 月第 1 版　　2018 年 9 月第 1 次印刷

开　　本　　787 毫米×1092 毫米　1/16　印张 14

字　　数　　329 千字

印　　数　　1～3000 册

定　　价　　33.00 元

ISBN 978 – 7 – 5606 – 5089 – 0 / TU

XDUP 5391001 – 1

*** 如有印装问题可调换 ***

前　言

　　本书是以能熟练绘制建筑工程图和水利工程图作为出发点，为适应现代高职教育发展与教学改革，培养应用型、技能型人才需求而编写的。

　　作为多年从事 CAD 教学工作和 CAD 培训工作的高等职业技术学院的一线教师，编者在教学过程中尝试过多种版本的 CAD，具有丰富的 CAD 理论和实践教学经验。因此在 AutoCAD 软件版本的选择方面，考虑到计算机技术的发展及 AutoCAD 版本的升级，并结合当前工程运用的实际情况，也为了新旧版本用户的使用方便，我们选用了 AutoCAD 2010，尽量做到既兼顾大量使用旧版本用户的习惯，又满足 CAD 课堂教学与时俱进的发展需要。为了适应职业学院教学重视实践的特点，我们在每个项目后都安排了实训，并且附有详细的操作步骤，这是本书最大的特点。同时为了满足学生考取 CAD 职业技能证书的需要，在书中引入了丰富的题型与图例。

　　本书由辽宁水利职业学院的董岚担任主编，王立松担任副主编，黄河水利职业技术学院的万晓丹和济源职业技术学院的王琰参与编写。其中，董岚编写了项目一、项目四、项目八和项目十，王立松编写了项目三、项目六、项目七、项目九和项目十一，万晓丹编写了项目二，王琰编写了项目五，全书由董岚统稿。在本书编写的过程中，我们参考了一些书籍，在此对相关作者深表感谢。

　　由于编者水平有限，书中难免有不足之处，敬请广大读者批评指正。

编　者

2018 年 4 月

目　录

项目一

AutoCAD 基础知识

任务 1 了解 AutoCAD 2010 的工作界面

AutoCAD(Auto Computer Aided Design)是由美国 Autodesk 公司于 1982 年首次推出的计算机辅助绘图与设计软件包，它具有功能强大、易于掌握、使用方便、体系结构开放等特点，广泛应用于土木建筑、装饰装潢、城市规划、园林设计、电子电路、机械设计、航空航天、轻工化工等诸多领域。

AutoCAD 经过近二十次的版本升级，如今已经成为一个功能完善的计算机辅助设计软件，拥有大量的设计资源，受到世界各地数以百万计的工程设计人员的青睐。

AutoCAD 2010 是 Autodesk 公司于 2009 年 3 月推出的版本，经过多次完善后，其绘图功能更加强大，操作更加灵活，且方便设计小组协同工作；网络功能进一步提高，操作界面更加智能化和人性化，与 Microsoft Office 的操作习惯更加贴近；联机设计中心可以方便地获取到保存在本地计算机、局域网内或 Internet 上的资源，功能面板、工具选项板可以快速查看和修改对象特性。

一、AutoCAD 的基本功能

(1) 平面绘图：该功能能以多种方式创建直线、圆、多边形、样条曲线等基本图形对象。

(2) 绘图辅助工具：该功能提供了正交、对象捕捉、极轴追踪、捕捉追踪等绘图辅助工具。

(3) 编辑图形：该功能具有强大的编辑能力，可以移动、复制、旋转、阵列、拉伸、延长、修剪、缩放对象等。

(4) 标注尺寸：该功能可以创建多种类型尺寸，并对标注外观自行设定。

(5) 书写文字：该功能可以在图形的任何位置、沿任何方向书写文字，可设定文字字体、倾斜角度及宽度缩放比例等属性。

(6) 图层管理：该功能可以对绘制的图形对象赋予不同的图层，按要求设定图层颜色、线型、线宽等特性，并且图层可以被打开或关闭、冻结或解冻、锁定或解锁。

(7) 三维绘图：该功能可创建 3D 实体及表面模型，能对实体本身进行编辑。

(8) 网络：该功能可将图形在网络上发布，或是通过网络访问 AutoCAD 资源。

(9) 数据交换：该功能提供了多种图形图像数据交换格式及相应命令。

(10) 二次开发：AutoCAD 允许用户定制菜单和工具栏，并能利用内嵌语言 Auto LISP、Visual LISP、VBA、ADS、ARX 等进行二次开发。

二、AutoCAD 2010 的工作界面

启动 AutoCAD 2010 和启动 Windows 的其他应用程序的方式一样。AutoCAD 2010 安装后会在桌面上出现一个快捷图标 ，双击该图标可以启动 AutoCAD 2010，进入 AutoCAD 工作界面。

第一次启动 AutoCAD 2010 后，系统将弹出"新功能专题研习"对话框，如图 1-1 所示。

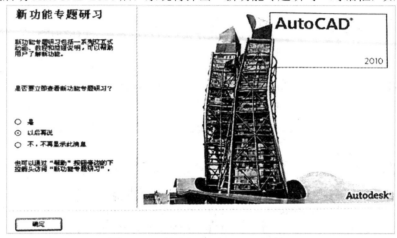

图 1-1 "新功能专题研习"对话框

从该对话框提供的三个选项中选择"不，不再显示此消息"，单击【确定】按钮进入 AutoCAD 2010 工作界面。默认情况下，系统会直接进入初始界面，也就是"二维草图与注释"工作空间，如图 1-2 所示。

图 1-2 "二维草图与注释"工作空间

AutoCAD 2010 提供了"二维草图与注释"、"三维建模"和"AutoCAD 经典"三种工作空间模式。默认打开的是"二维草图与注释"工作空间，对于初学者来说，可以直接从这个界面来学习，对于习惯了以往版本的使用者来说，可以单击状态栏右下角的【切换工作空间】按钮 ⚙ 二维草图与注释▾ 右边的黑三角，在弹出的快捷菜单中选择"AutoCAD 经典"，即可切换到熟悉的工作空间，如图 1-3 所示。

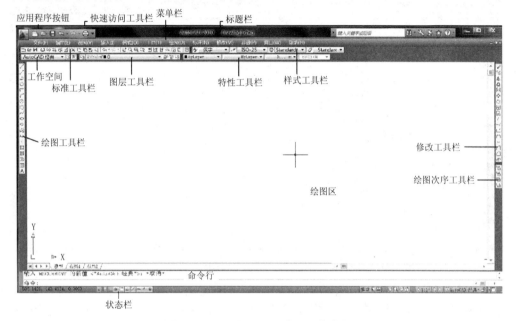

图 1-3　"AutoCAD 经典"工作空间

与"AutoCAD 经典"工作空间相比，"二维草图与注释"工作空间的界面增加了功能区，缺少了菜单栏。

"AutoCAD 经典"工作空间界面由标题栏、菜单栏、工具栏、绘图区、命令行、状态栏等部分组成，如图 1-3 所示。

1．标题栏

标题栏位于工作界面的最上方，能够显示当前正在运行的软件名称、CAD 的版本图标以及当前所操作的图形文件名称，并实现 AutoCAD 2010 窗口的最小化或最大化、关闭 AutoCAD 等操作。

2．菜单栏

菜单栏位于标题栏下方，主要功能是调用 AutoCAD 命令，包括"文件"、"编辑"、"视图"、"插入"、"格式"、"工具"、"绘图"、"标注"、"修改"、"参数"、"窗口"、"帮助"等 12 个菜单，它们几乎包括了 AutoCAD 中全部的功能和命令。图 1-4 所示的为 AutoCAD 2010 的"工具"菜单，其下拉菜单中的命令有以下几种形式。

(1) 当菜单命令后面出现"▶"符号时，表示该项后面还有子菜单，将鼠标停留在该选项上，子菜单就会弹出，如图 1-4 所示。

(2) 菜单命令后面跟有字母的，表示键盘上有与该选项对应的快捷键，按下快捷键能快速执行该功能。

（3）菜单命令后跟有组合键，表示直接按键盘上的组合键也能执行同样的操作。

（4）菜单命令后面出现"…"符号时，表示选择它可打开一个对话框，可以进一步设置与选择。

（5）菜单命令呈灰色，表示该命令在当前状态下不可使用。

图1-4 "工具"菜单

在AutoCAD 2010中，用户可以利用快捷菜单调用某些应用程序命令。在绘图窗口区域、工具栏、状态栏、模型与布局选项以及一些对话框上，单击鼠标右键将弹出快捷菜单，使用它们可以在不必启动菜单栏的情况下快速地完成某些操作。结束绘制直线命令之后，在绘图窗口区域单击鼠标右键将出现图1-5所示的快捷菜单。

图1-5 绘图窗口区域弹出的快捷菜单

3. 工具栏

工具栏由带有直观图标的命令按钮组成，每个命令按钮都对应一个AutoCAD命令。如果把光标指向某个按钮上并停顿一下，屏幕上就会显示出该工具按钮的名称，并给出该按钮的简要说明。

　　在 AutoCAD 2010 中，系统提供了多个工具栏，默认情况下，"AutoCAD 经典"工作空间中的"标准"、"工作空间"、"绘图"、"绘图次序"、"特性"、"图层"、"修改"和"样式"这几个最常用的工具栏处于打开状态。如果要显示其他工具栏，可在任意打开的工具栏中单击鼠标右键，在弹出的快捷菜单中再单击工具栏名称，即可打开或关闭该工具栏。或者在菜单栏中选择"工具"→"工具栏"→"AutoCAD"命令，也会调出相应的工具栏。

4．绘图窗口

　　绘图窗口位于屏幕中央的空白区域，是绘制、显示图形的主要场所，占据软件界面中最大的一片区域。绘图窗口的左下角还显示了当前使用的坐标系类型以及坐标原点、X 轴、Y 轴、Z 轴的方向等。

　　绘图窗口的下方有"模型"和"布局 1"或"布局 2"三个选项卡，单击其标签可以在"模型空间"与"图纸空间"之间来回切换。默认情况下，"模型"选项卡被选中，也就是通常情况下在"模型空间"绘制图形，然后再切换到"图纸空间"对图形进行注释和打印排版。绘图窗口中还有垂直滚动条和水平滚动条，可以通过拖动滑块来调整图形在窗口中的显示内容。

　　同时，在绘图区域还可以通过"缩放"、"平移"命令来控制图形的显示。

5．命令行与文本窗口

　　命令行窗口位于绘图窗口的下方，如图 1-6 所示。用户可以通过在命令行窗口输入各种操作命令或者参数来执行命令。命令行窗口是软件与用户进行交互对话的地方，在使用过程中，用户应该密切留意命令行窗口中出现的各种提示输入或出错的相关信息。

图 1-6　命令行窗口

　　文本窗口是记录当前已执行了的全部命令及相关运行信息的窗口，是放大的命令行窗口，如图 1-7 所示。用户可以在 AutoCAD 2010 菜单中选择"视图"→"显示"→"文本窗口"命令或者按【F2】键来打开文本窗口。

图 1-7　文本窗口

6. 状态栏

状态栏位于 AutoCAD 2010 界面的最下方，最左边显示绘图区域中当前光标的坐标，状态栏上包含多个控制按钮，用于显示和控制【捕捉】、【栅格】、【正交】、【极轴】、【对象捕捉】、【DUCS】、【DYN】、【线宽】和【模型】，用户用鼠标单击任意一个控制按钮均可切换其当前工作状态。点击一次，按钮按下表示启用该功能，再点击则关闭该功能。工作空间最右下角是【模型】、【布局】、【平移】、【缩放】、【注释比例】、【工作空间】及【全屏显示】按钮，如图 1-8 所示。

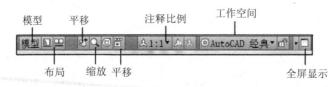

图 1-8　状态栏

7. 功能区

"二维草图与注释"工作空间的界面增加了功能区。功能区包括"功能区"选项卡和"功能区"面板。"AutoCAD 经典"工作空间不包含功能区，用户可以在菜单栏中选择"工具"→"选项板"→"功能区"命令，加载"功能区"面板。

AutoCAD 2010 的功能区将常用的工具栏分为"常用"、"插入"、"注释"、"参数化"、"视图"、"管理"及"输出"七类选项卡，每一类选项卡下又集成多个面板，面板上放置有同类型工具。"功能区"选项卡如图 1-9 所示。

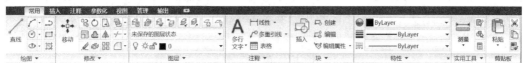

图 1-9　"功能区"选项卡

任务 2　掌握 AutoCAD 2010 的基本操作

一、鼠标的使用

在绘图窗口，AutoCAD 光标通常显示为　，当光标移至菜单选项、工具或对话框内时，它会变成箭头，当单击或者按动鼠标键时，就会执行相应的命令或动作。鼠标按钮通常是如下定义的：

(1) 鼠标左键：通常指【拾取】键，用于输入点、拾取对象及选择按钮、菜单、命令。

(2) 鼠标右键：相当于【回车】键，用于结束当前使用的命令，此时系统将根据当前绘图状态弹出不同的快捷菜单。在执行完命令后，单击鼠标右键可以重复上次操作命令。

(3) 当使用【Shift】键和鼠标右键的组合时，系统将弹出一个快捷菜单，用于设置捕捉点的方式。

(4) 按住鼠标滚轮，光标变成小手，可以执行平移命令；滚轮上下滚动可以缩放视图；双击鼠标滚轮可以实现图形的满屏显示。

二、图形文件管理

1．创建新图形文件

在桌面上双击【AutoCAD 2010 快捷方式】图标，屏幕上将出现"正在打开 AutoCAD 2010"的画面，系统会自动新建一个名为 drawing1.dwg 的图形文件，如图 1-10 所示。

图 1-10　自动新建的名为 drawing1.dwg 的图形文件

创建新图形文件，还可以使用以下几种途径：

- 从"文件"下拉菜单中选取"新建"命令。
- 在左上角的"快速访问"工具栏中点击 按钮。
- 在"标准"工具栏中单击 按钮。
- 在命令行输入"new↙(回车)"。

用上面任何一种方式执行命令后，会弹出如图 1-11 所示的"选择样板"对话框，在"名称"列表框中选中某一样板，这时在其右面的"预览"框中将显示出该样板的预览图像。单击【打开】按钮，即可新建一个图形文件。

图 1-11　"选择样板"对话框

2．打开图形文件

若要打开已有的图形文件，可以使用以下几种途径：

- 从"文件"下拉菜单中选取"打开"命令。
- 在左上角的"快速访问"工具栏中点击 按钮。

- 在"标准"工具栏中单击 按钮。
- 在命令行输入"open✓(回车)"。

执行命令后，会弹出"选择文件"对话框，如图1-12所示。在该对话框中选择需要的文件，单击【打开】按钮即可。此外，找到需要的图形文件，单击该图形文件，也可以打开该文件。如果要打开最近打开过的图形文件，可以单击"文件"下拉菜单中底部最近打开过的文件。

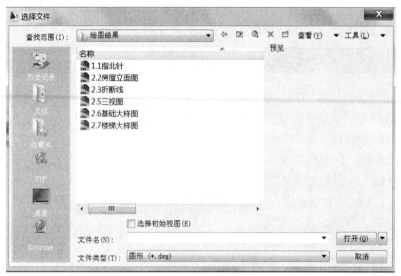

图1-12 "选择文件"对话框

3. 保存图形文件

保存图形文件就是把用户所绘制的图形以文件的形式存储起来。用户在绘制图形的过程中，要养成经常保存的习惯，以减少因突然断电、程序意外结束、电脑死机等所造成的数据丢失。

1) 快速保存

快速保存是将文件以当前的文件名及其路径存入磁盘，可以使用以下途径：

- 从"文件"下拉菜单中选取"保存"命令。
- 在左上角的"快速访问"工具栏中点击 按钮。
- 在"标准"工具栏中单击 按钮。
- 在命令行输入"save✓(回车)"。

如果文件是将文件第一次保存的话，会弹出"图形另存为"对话框，这就需要用户给要保存的图形文件指定文件夹，输入一个文件名，最后单击【保存】按钮即可完成。

2) 文件另存为

"文件另存为"是将当前文件用另一个名字或路径进行保存，可以使用以下途径：

- 从"文件"下拉菜单中选取"另存为"命令。
- 在命令行输入"saveas✓(回车)"。

这时会弹出"图形另存为"对话框，如图1-13所示。选择文件夹，输入文件名，单击【保存】按钮即可完成。

图 1-13 "图形另存为"对话框

4．关闭图形文件

选择文件菜单栏中的"关闭"命令，或单击绘图窗口右上角的【关闭】按钮，即可关闭图形文件。如果当前文件没有保存，系统将弹出"警告"对话框，询问是否保存文件。

三、AutoCAD 命令的操作和选择对象的方法

1．命令的执行方式

在 AutoCAD 2010 中可以通过以下三种途径输入命令：

- 单击工具栏中对应的图标即可执行命令。
- 单击下拉菜单或快捷菜单中的选项。
- 通过"命令行"窗口直接输入命令或者命令的缩写字符。

当结束执行一条命令后，单击【回车】键或者【空格】键，可以重复执行上一条命令。

2．使用命令行

当输入的命令开始运行，在"命令行"窗口中会出现实时操作和有关选项的提示(若动态输入选项被打开，则提示会出现在光标提示栏中，这些提示可以帮助用户了解命令的执行进程，并及时提醒用户输入下一步所需的相关信息。如输入"Circle"(画圆)命令后，提示行显示如图 1-14 所示。

CIRCLE 指定圆的圆心或 [三点(3P)/两点(2P)/相切、相切、半径(T)]：

图 1-14 画圆命令提示行信息

提示行的中括号"[]"前面的提示为默认选项，可直接按其提示的内容进行操作。括号"[]"中的内容是除默认选项外的其他选项，多个选项用"/"隔开，圆括号"()"中的数字和字母是对应选项的标识符。如果要选择某一选项，只需输入该选项的标识符后回车即可。此例中按照其提示"指定圆的圆心"，用鼠标在绘图区指定一点(或用键盘输入点的坐标)作为所要画圆的圆心，响应系统提示"指定圆的圆心"后，系统继续提示，如图 1-15 所示。

指定圆的半径或 [直径(D)]:

图 1-15 "指定圆的半径"提示信息

此时提示中的默认选项为"指定圆的半径",可输入一个数值作为圆的半径,"<>"中的数值为上一次执行该命令时的数值,可直接按【回车】键采用该默认值作为圆的半径。若要以直径画圆,可选择"[]"中的选项"D",回车后再输入直径数值。

3. 命令的终止

AutoCAD 2010 在命令执行的任一时刻都可以用键盘上的【Esc】键取消和终止命令的执行。

当需要撤销已经执行的命令时,可通过键入"undo"或"u"命令,或者点击"快速访问"工具栏及"标准"工具栏中的 按钮来依次撤销已经执行的命令。当使用"undo"或"u"命令后,紧接着可使用"redo"命令恢复已撤销的上一次操作,或者单击"标准"工具栏中的 按钮来恢复已撤销的上一次操作。

4. 使用透明命令

透明命令是指在执行命令的过程中可以调用执行的其他命令。在执行某个命令的过程中,当需要用到其他命令而又不希望退出当前执行的命令时,可使用透明命令,透明命令执行完成后,系统又回到原命令执行状态,不影响原命令继续执行。

透明命令通常是一些绘图辅助命令,如"缩放"(zoom)、"栅格"(grid)、"实时平移"(pan)等。

5. 选择对象的方法

在对目标对象进行操作时,首先要选择对象,例如执行"删除"命令。"删除"命令是将绘图过程中由于各种原因画错的对象删除,是经常使用的命令。执行"删除"命令可以通过以下途径:

- 在"修改"工具栏或功能区面板中单击【删除】 按钮。
- 从"修改"下拉菜单中选取"删除"命令。
- 在命令行输入"erase" ✓(回车)"。
- 选择对象后用键盘上的【Delete】键删除。

执行"删除"命令后,命令行提示信息如下:

选择对象:(选择需要删除的对象。)

选择对象:✓(回车。)

说明:

(1) 在删除对象时可以先选择对象再执行"删除"命令,也可以先执行"删除"命令再根据提示选择需要删除的对象。

(2) 使用"删除"命令,有时会误删一些有用的图形对象。如果在删除实体后,发现出现错误可以使用"返回"命令(undo)恢复前一次的操作。

(3) 在命令行提示信息显示选择对象时,可以采用以下几种常用选择对象的方法:

① 单选。

当命令行出现提示"选择对象"时,默认情况下,可以用鼠标逐个单击对象来直接选择，此时光标表现为一个小方框(即拾取框)。选择时，拾取框必须与对象上的某一部分接触。例如，要选择圆，需要在圆周上单击，而不是在圆的内部某位置单击，被选定的对象将高亮显示。

这种方法方便直观，但精确程度不高，尤其在对象排列比较密集的地方，往往容易选错或多选，此时可以按下【Ctrl】键并循环单击这些对象，直到所需对象亮显为止。

若要取消多个选择对象中的某一个对象时，可按下【Shift】键，并单击要取消选择的对象，这样就可以取消需要取消的对象。

② 多选。

当命令行出现提示"选择对象"时，通过鼠标左键拖动指定对角点定义的矩形区域可以选择对象，用这种方法一次可以选择多个对象。矩形选择框方式有两种，分别是窗口方式和交叉方式。

窗口(W)方式：从左向右选择，只有完全包含在方框中的对象被选中，如图 1-16 所示。

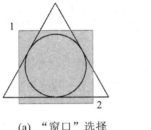
(a) "窗口"选择

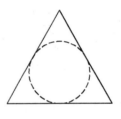
(b) 选择后

图 1-16　"窗口"方式选择对象

交叉(C)方式：从右向左上选择，包含在方框内以及与方框相交的对象都被选中，如图 1-17 所示。

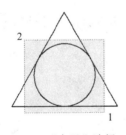
(a) "交叉"选择

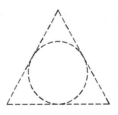
(b) 选择后

图 1-17　"窗交"方式选择对象

③ 全部选择对象。

当命令行出现提示"选择对象"时输入"All"，即可全部选中对象。

6. 快捷键操作

快捷键是 Windows 系统提供的功能键或普通键的组合，目的是为用户快速操作提供条件。AutoCAD 2010 简体中文版中同样包括了 Windows 系统自身的快捷键和 AutoCAD 设定的快捷键，在每一个菜单命令的右边有该命令的快捷键提示。表 1-1 列出了常用快捷键及其功能。

表1-1　常用快捷键及其功能

快捷键	功　能	快捷键	功　能
F1	CAD 帮助	F11	对象捕捉追踪开关
F2	打开文本窗口	Del	删除对象
F3	对象捕捉开关	Ctrl+1	特性管理器
F4	数字化开关	Ctrl+2	CAD 设计中心
F5	等轴测平面转换	Ctrl+N	新建文件
F6	动态 UCS 开关	Ctrl+O	打开文件
F7	栅格开关	Ctrl+S	保存文件
F8	正交开关	Ctrl+P	打印文件
F9	捕捉开关	Ctrl+C	复制
F10	极轴开关	Ctrl+V	粘贴

除了快捷键外还有如下绘图中的常用键：

(1)【空格】键：在 CAD 绘图中，【空格】键扮演着非常重要的角色。除了文字输入之外，【空格】键与【回车】键等效，可以用【空格】键代替【回车】键。在绘图过程中，用户左手控制键盘，右手操作鼠标，需要回车确认时可以使用左手的大拇指敲击【空格】键，以提高绘图效率。另外，在"命令"提示符下按【空格】键，表示重复执行上一个命令。

(2)【Esc】键：主要用于终止命令的执行、取消选择。在绘图过程中，当一个命令没有执行完而想退出时，按【Esc】键即可。

(3)【Delete】键：常用来删除对象，与"erase"命令等效。

(4) 方向键：在命令行中，按【↑】键可以向上翻看并调用之前使用过的 CAD 命令，按【↓】键可以向后翻看并调用 CAD 命令。

(5) 鼠标中键(滚轮)：主要用于视图的缩放和平移操作。

① 按住中键移动鼠标：实现视图的平移，与 按钮等效。

② 中键双击：使图形充满绘图窗口显示，等效于输入"zoom ↙，e ↙"。

③ 中键滚动：实时缩放视图。向前滚动放大，向后滚动缩小，与 按钮等效。

(6)【Shift】或【Ctrl】＋右键：弹出对象捕捉快捷菜单。

任务3　AutoCAD 的坐标系统

一、AutoCAD 的坐标系统

工程图样是工程施工的依据，因此精确绘制图形对保证设计及施工质量至关重要。用户在绘图时虽然可以直接使用光标定位画图，但定位图形不准确，无法精确控制图形输入端点坐标。AutoCAD 2010 提供了设置坐标系功能，通过这些功能，用户可以更加方便和准确地绘制、编辑二维或者三维图形。

在默认情况下，坐标系为世界坐标系(WCS)。向右为 X 轴正方向，向上为 Y 轴正方向。如果重新设置了坐标系原点或调整了坐标轴的方向，这时坐标系就变成了用户坐标系(UCS)，如图 1-18 所示。

图 1-18　坐标系

1. 世界坐标系 WCS

世界坐标系(World Coordinate Systems，WCS)，由三个垂直并相交的坐标轴 X、Y、Z 构成。如图 1-18 所示，其中，水平向右为 X 轴正方向，垂直向上为 Y 轴正方向，Z 轴正方向为垂直屏幕平面向外，指向用户，其原点(0, 0)位于图形窗口的左下角，是 X 轴和 Y 轴的交点，所有的位移相对于该原点计算。WCS 是定义所有对象位置和其他坐标系的基础。

2. 用户坐标系 UCS

在绘制复杂图形或三维图形时，为了更好地辅助绘图，用户需要修改坐标系的原点和旋转坐标轴的方向，这种创建的坐标系统称为用户坐标系(User Cordinate System，UCS)。当创建一个新图形文件时，在默认情况下，UCS 与 WCS 重合。在一个图形中可以设置多个 UCS，可以对 UCS 进行命名保存，并在需要时调用，当不再需要某个命名的 UCS 时，可以将其删除。

3. 新建用户坐标系

新建用户坐标系的方法有多种，用户一般可以通过以下方式设置用户坐标系：

- 在命令行中输入"ucs"，按【回车】键，按命令提示信息指定新原点。
- 从"工具"下拉菜单中选取"新建 UCS"命令中的子命令。

以选择"新建 UCS"中的子命令"三点"选项为例，此时命令行会出现以下提示：

指定新原点<0,0,0>：1000, 1000, 0

在正 X 轴范围上指定点<1001.0000, 1000.0000, 0.0000>：

在 UCS XY 平面的正 Y 轴范围上指定点<1000.0000, 1001.0000, 0.0000>：

按照"命令行"窗口提示，分别指定坐标系原点位置、X 轴方向和 Y 轴方向，最后确定整个坐标系。用户在输入三个点的坐标时应注意，这三个点不能位于同一直线上。新建的用户坐标系(UCS)图标如图 1-18 所示。

二、点的坐标的表示方法

点是 AutoCAD 中最基本的元素之一。它既可以用键盘输入，又可以借助鼠标等以绘图光标的形式输入。无论采用何种方式输入点，本质上都是输入一个点的坐标值。

在 AutoCAD 2010 中，点的坐标可以使用绝对直角坐标、绝对极坐标、相对直角坐标和相对极坐标四种方法表示。

1. 绝对坐标

(1) 绝对直角坐标。绝对直角坐标是指从(0，0)或(0，0，0)出发的位移，其形式为："X，Y，Z"。

当已知某一点在当前坐标系中相对于 X、Y、Z 轴的值时，可以直接输入点的 X、Y、Z 的坐标值，坐标之间用逗号隔开。如在定位点的时候输入(5,10,15)，代表该点的位置在 X 轴上的值为 5，Y 轴上的值为 10，Z 轴上的值为 15。

(2) 绝对极坐标。绝对极坐标也是指从(0，0)或(0，0，0)出发的位移，其形式为"距离<角度"，距离和角度之间用"<"号分开。当已知某一点到原点的距离及与 X 轴正方向的角度时，可以用数字代表距离，用角度代表方向来确定该点的位置。

一般规定角度以 X 轴的正方向作为起始 $0°$，逆时针方向为正。如果距离值为正，则代表与方向相同，为负则代表与方向相反；若向顺时针方向移动，应输入负的角度值。例如，某点距原点距离为 20，与 X 轴的正向夹角为 $45°$，则用极坐标表示为(20<45)。

2. 相对坐标

相对坐标是以某个特定点为参考点，取与其相对位移增量来确定位置，也包括直角坐标和极坐标两种方式。如果知道某点相对于上一个点的位置关系，就可以采用输入相对坐标的方式来确定该点的位置。它的表示方法是在绝对坐标表达式前面加上"@"符号。

(1) 相对直角坐标。其形式为@ΔX，ΔY，ΔZ。ΔX，ΔY，ΔZ 分别为相对于前一点的 X 坐标增量、Y 坐标增量和 Z 坐标增量。

(2) 相对极坐标。其形式为"@长度<角度"。相对极坐标的角度是新点和上一点的连线与 X 轴的夹角。

🐚 说明：

当用户在绘图窗口中移动光标时，在默认情况下，状态栏上将会动态显示当前光标的坐标。在 AutoCAD 2010 中，坐标显示取决于所选择的模式和程序中运行的命令，共有三种模式，可以用鼠标左键循环单击状态栏坐标区来切换坐标显示方式。

① 模式 1：即动态直角坐标模式。这是系统默认的显示模式，显示值随光标的移动而实时更新，此时的值为光标的绝对直角坐标。

② 模式 2：即静态显示模式。此时坐标显示区呈灰色状态，显示值为上一个拾取点的绝对坐标。当鼠标移动时，它的显示值不会实时动态更新，只有在鼠标拾取新点时，显示值才会更新。但是，如果从键盘输入一个新点坐标，输入值将不会更新显示。

③ 模式 3：即动态相对极坐标模式。该模式必须在已经绘制了一点的情况下才能使用。显示值为一个相对极坐标。选择这个方式时，如果当前处在拾取点状态，则系统会显示光标所在位置相对于上一个点的距离和角度。若离开拾取点状态，则系统将自动恢复到绝对模式。

任务 4 直线的绘制和点的输入方法

一、直线的绘制

在 AutoCAD 中直线是绘制复杂二维图形时最常用到的基本图形元素,因此用户应该熟练掌握直线的绘制方法,为以后复杂二维图形的绘制打下基础。

利用直线命令可以绘制一条线段或一系列连续连接的直线段,但每条直线段都是一个独立的对象。

执行直线命令可以通过以下途径:

- 在"绘图"工具栏或功能区面板中单击【直线】按钮 。
- 从"绘图"下拉菜单中选取"直线"命令。
- 在命令行输入"line✓(回车)"。

二、点的输入方法

很多命令需要指定点,如绘制直线要指定端点,圆要指定圆心,三角形要指定顶点等。在 AutoCAD 绘图中点的输入方法有如下几种:

1. 鼠标直接拾取

当 AutoCAD 提示指定点的时候用鼠标直接在绘图区域内单击,单击一个点即输入了这个点的坐标值,如图 1-19 所示。

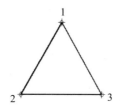

图 1-19　用鼠标拾取点

操作如下:

命令:line
指定第一点:(鼠标拾取点 1)
指定下一点或 [放弃(U)]:(鼠标拾取点 2)
指定下一点或 [放弃(U)]:(鼠标拾取点 3)
指定下一点或 [闭合(C)/放弃(U)]:c(闭合回车)

2. 输入坐标

用输入坐标的三种方式绘制如图 1-20 所示的三角形。

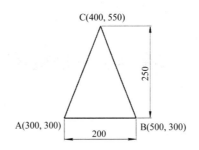

图 1-20   输入坐标值绘制三角形

1) 输入绝对直角坐标(此时将动态输入关上或在绝对直角坐标前输入#)

命令：line

指定第一点: 300,300   (输入点 A，回车)

指定下一点或 [放弃(U)]: 500,300   (输入点 B，回车)

指定下一点或 [放弃(U)]: 400,550   (输入点 C，回车)

指定下一点或 [闭合(C)/放弃(U)]: c   (闭合，回车)

2) 输入相对直角坐标(此时将动态输入打开或在坐标前输入@)

命令：line

指定第一点: 300,300   (输入点 A，回车)

指定下一点或 [放弃(U)]: @200,0   (输入 B 点，相对于 A 点坐标，回车)

指定下一点或 [放弃(U)]: @-100,250   输入 C 点相对于 B 点坐标，回车)

指定下一点或 [闭合(C)/放弃(U)]: c   (闭合，回车)

3) 输入相对极坐标

用极坐标绘制如图 1-21 所示边长为 20 的正六边形。

命令：line

指定第一点: (鼠标指定点 1)

指定下一点或 [放弃(U)]: @20<0   (输入极坐标确定点 2，回车)

指定下一点或 [放弃(U)]: @20<60   (输入极坐标确定点 3，回车)

指定下一点或 [闭合(C)/放弃(U)]: @20<120   (输入极坐标确定点 4，回车)

指定下一点或 [闭合(C)/放弃(U)]: @20<180   (输入极坐标确定点 5，回车)

指定下一点或 [闭合(C)/放弃(U)]: @20<240   (输入极坐标确定点 6，回车)

指定下一点或 [闭合(C)/放弃(U)]: c   (闭合，回车)

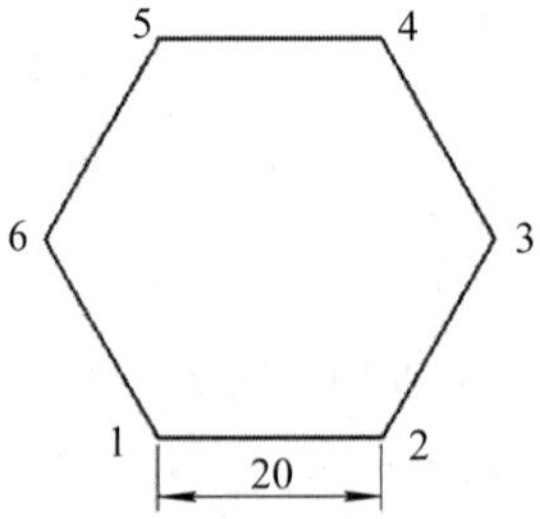

图 1-21   输入坐标值绘制正六边形

3. 直接距离输入

执行直线命令并指定了第一点后，移动光标指示方向，然后输入相对于前一点的距离可以确定下一点，通常要配合极轴功能一起使用。

实 训 1

实训 1.1 调出绘图界面中没有的工具栏

一、实训内容

我们经常把使用频率较高的工具栏调出，放在界面内方便使用，通过本次实训，熟悉工具栏的调出操作。

二、操作提示

(1) 在界面中的任意工具栏中点击鼠标右键。

(2) 选择要调出的工具栏。

(3) 调整其在界面内的位置。

实训 1.2 改变绘图界面的颜色

一、实训内容

CAD 图形一般背景界面的颜色是黑色，用户可以根据不同的需要来自主选择背景颜色。

二、操作提示

(1) 执行菜单栏中的"工具"→"选项"命令，或使用快捷键【o+p】。

(2) 选择"显示"选项卡。

(3) 单击【颜色】按钮，在"颜色"下拉列表框中选择要成为背景的颜色即可。

实训 1.3 三种坐标形式的使用

一、实训内容

在绘图过程中不是自始至终只使用一种坐标模式，而是可以将一种、两种或三种坐标模式混合在一起使用。先以绝对坐标开始，然后改为极坐标，最后又改为相对坐标。作为一个 CAD 操作者应该选择最有效的坐标方式来绘图。

二、操作提示

命令：line

线的起始点：20,20

指定下一点：@30<90

指定下一点: @20,20

指定下一点: @60＜0

指定下一点: @50＜270

指定下一点: @-80,0

指定下一点: (按【Enter】键退出命令)

实训 1.4　直线命令的使用

一、实训内容

绘制如图 1-22 所示的牛腿梁平面图形，不标注尺寸。本实训设计的图形主要使用"直线"命令。通过本实训，要求熟练掌握"直线"命令，灵活掌握在正交状态和非正交状态下用点的相对坐标和直接输入直线的长度等方法绘制平面图形。

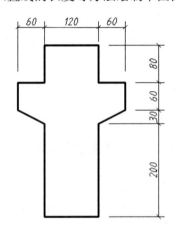

图 1-22　牛腿梁平面图形

二、操作提示

(1) 新建图形文件。

(2) 新建"粗实线"图层。

(3) 依次绘制各段直线。水平和垂直线段直接输入线段的长度，斜线通过输入点的相对坐标来绘制。

(4) 绘制最后一段直线。可输入"c"闭合平面图形。

项目二

绘制图形前的准备工作

任务 1 图层的设置和管理

图层就像一张透明的图纸，可以在不同的图层上绘制不同类型的图形对象。各图层的坐标完全对齐，重叠放置，最后形成一幅完整的图样。在 AutoCAD 2010 中，图层的功能和用途非常强大，利用图层可以管理和控制复杂的图形，同时也提高了绘图的工作效率和图形的清晰度。图层具有如下特点：

(1) AutoCAD 默认的图层是名称为 "0" 的图层，该图层不能被删除或重命名，其余图层的名称及特性可根据需要自行定义。

(2) 一幅图样中创建的各图层具有相同的坐标系、图形界限、显示时的缩放比例。

(3) 可以对位于不同图层上的对象同时进行编辑操作，但只能在当前图层上绘制图形。

(4) 可以控制图层的打开与关闭、冻结与解冻、锁定与解锁等状态，以决定各图层的可见性与可操作性。

(5) AutoCAD 可以创建任意数量的图层。

一、图层的设置

创建及设置图层在图层特性管理器中进行。打开图层特性管理器可以通过以下几种途径：

• 在 "图层" 工具栏或功能区面板中单击【图层特性】按钮 。

• 从 "格式" 下拉菜单中选取 "图层(L)…" 命令。

• 在命令行输入 "layer✓(回车)。"

执行命令后弹出 "图层特性管理器" 对话框，如图 2-1 所示，可以对图层进行设置。

图 2-1 "图层特性管理器" 对话框

对图层进行设置的操作主要有以下几类：

1．新建图层

在"图层特性管理器"中单击【新建图层】按钮 ≋⇒ 可新建图层，新图层自动默认名称为"图层 1"，并且高亮显示，如图 2-1 所示。如果想对图层进行重新命名，可以用鼠标单击所选图层的名称，此时图层的名称处于可编辑状态。在当前图形文件中，图层名必须是唯一的。

若要创建多个图层，重复上述操作即可。默认情况下，新图层的特性与"0"层的默认特性完全一样，如果在创建新图层时选中了一个现有的图层，新建的图层将继承所选定图层的特性。

2．设置图层特性

创建图层后，可以重新设置图层的特性。图层的特性包括图层的颜色、线型、线宽、是否打印等。

(1) 设置颜色。AutoCAD 默认的图层颜色是白色，为了区别各图层，应该为每个图层设置不同的颜色。在绘制图形时，可以通过设置图层的颜色来区分不同种类的图形对象；在打印图形时，可以先对某种颜色指定一种线宽，之后此颜色所对应的图形对象都会以同一线宽进行打印，用颜色代表线宽可以减少存储量，提高显示效率。

当需要改变某层的颜色时，打开"图层特性管理器"对话框，选择该图层，单击其中需要修改图层的颜色，弹出"选择颜色"对话框，如图 2-2 所示，从中选择一个合适的颜色，此时"颜色"文本框将显示该颜色的名称，单击【确定】按钮即可返回"图层特性管理器"对话框。这时在图层列表中会显示新设置的颜色。可以使用相同的方法设置其他图层的颜色。

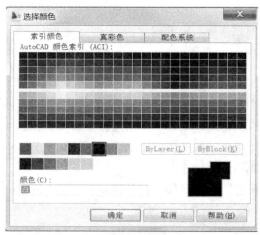

图 2-2 "选择颜色"对话框

(2) 设置线型。AutoCAD 默认的线型是 Continuous(连续的直线)。绘图时，应根据制图标准选择线型，在"图层特性管理器"中选择要修改的图层，单击其中的线型，弹出"选择线型"对话框，在"选择线型"对话框(见图 2-3)中，从"线型"列表中选择一个线型。若列表中没有想要的线型，可单击【加载(L)…】按钮，在弹出的"加载或重载线型"对话框(见图 2-4)中载入所需线型。选择好线型后，单击【确定】按钮即可。

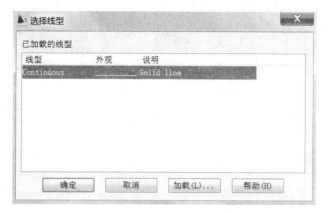

图 2-3 "选择线型"对话框

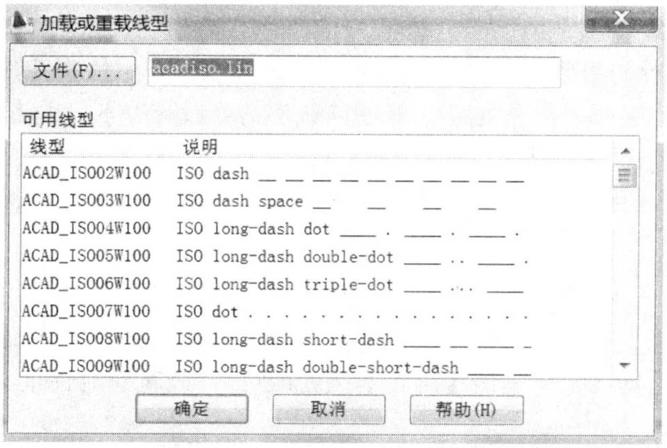

图 2-4 "加载或重载线型"对话框

🐌**说明：**

在绘制图形时，所使用的非连续线型(如中心线、虚线等)的长短、间隔不符合制图国家标准推荐的间距时，需重新设置线型比例。方法是：在"格式"菜单中找到"线型"命令，打开"线型管理器"对话框，默认状态为图 2-5，点击【显示细节】按钮使其变为【隐藏细节】，如图 2-6 所示，其右侧会出现两个文本框，即"全局比例因子"和"当前对象缩放比例"。

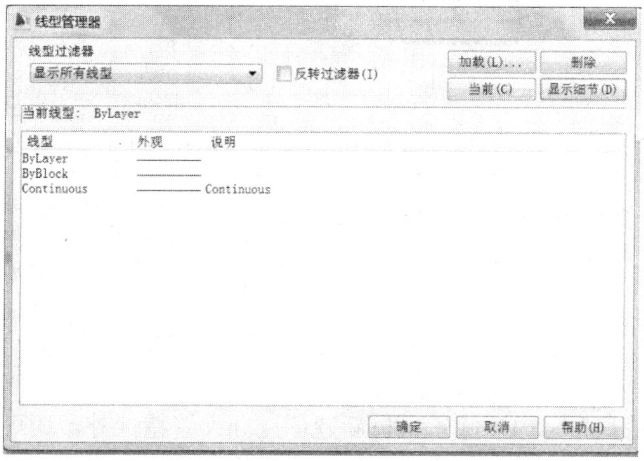

图 2-5 "线型管理器"对放框的"显示细节"状态

图 2-6 "线型管理器"对话框的"隐藏细节"状态

① 全局比例因子：用于设置图形中所有线型的比例。当数值改变时，非连续线型本身的长短、间隔会发生变化。数值越大，非连续线型的线段部分长度越长，线段之间的间距越大。

② 当前对象缩放比例：改变其数值只影响此后所绘制的线型比例，而已经存在的图形的线型没有影响。

(3) 设置线宽。AutoCAD 默认的线宽是 0.25 mm。绘图时，应根据制图标准改变线宽，在"图层特性管理器"中选择要修改的图层，单击【线宽】按钮，弹出"线宽"对话框，在其中选择一个合适的线宽，单击【确定】按钮即可。"线宽"对话框如图 2-7 所示。

图 2-7 "线宽"对话框

二、图层的管理

在"图层特性管理器"中，除了可以新建图层并设置特性外，还可以在其中对图层进行管理，如控制图层状态、设置当前图层和删除图层等。

1. 控制图层状态

图层的状态主要包括打开与关闭、冻结与解冻、锁定与解锁、打印与不打印等，AutoCAD采用不同形式的图标来表示这些状态。

改变图层状态可以通过以下途径执行：

· 在"图层"工具栏或功能区面板中单击相应按钮。

· 在"图层特性管理器"中选择相应按钮，如图 2-1 所示。

对图层进行管理的操作主要有以下几类：

(1) 打开/关闭图层。

默认情况下，新创建的图层状态为打开。打开时图标显示为淡黄色小灯泡 💡，关闭时小灯泡颜色变为灰色 💡。单击图标，可以在图层的"开"与"关"之间进行切换。图层状态为打开时，该图层上的图形被显示出来，并且可以在输出设备上打印。若关闭该图层，则图层上的图形将隐藏起来，并且不能打印，即使"打印"选项处于被打开状态也不能打印。如果关闭的图层是当前图层，系统将弹出 AutoCAD 提示框要求绘图者确认，如图 2-8 所示。

图 2-8 "AutoCAD"提示框

(2) 冻结/解冻图层。

默认情况下，新创建的图层状态为解冻，解冻时图标显示为 ☼，冻结时显示为雪花 ❄。单击图标，可以在图层的"解冻"与"冻结"之间进行切换。但是当前图层是不能被冻结的。

冻结图层可以加快缩放、平移和许多其他操作的运行速度，增强对象选择的性能，减少复杂图形的重生成时间。被冻结图层上的对象不能显示、打印或重生成。"解冻"冻结的图层时，将重新生成图形并显示该图层上的对象。如果某些图层长时间不需要显示，为了提高效率，可以将其冻结。

(3) 锁定/解锁图层。

默认情况下，新创建的图层状态为解锁。解锁时图标显示为 🔓，锁定时显示为 🔒。单击图标，可以在图层的"解锁"与"锁定"之间进行切换。锁定图层，则该图层中的对象不能被编辑和选择，但被锁定的图层是可见的，并且可以查看、捕捉此图层上的对象，还可在此图层上绘制新的图形对象。

(4) 打印/不打印图层。

默认情况下，新创建的图层状态为打印。打印时图标显示为 🖨，不打印时图标显示为 🚫🖨。单击图标，可以在图层的"打印"与"不打印"之间进行切换。当某层为不打印状态时，该图层上的对象仍是可见的。图层的不打印设置只对图形中可见的图层(即图层是打开的并且是解冻的)有效。若图层设置为可打印但该层是冻结或关闭状态，则 AutoCAD 将不打印该图层。

2. 设置当前图层

当需要在某个图层上绘制图形时，必须先使该图层成为当前图层。系统默认的当前图层为"0"图层。除了被冻结的图层以外的其他图层都可以设置为当前图层。设置当前图层有以下方法：

(1) 利用"图层"工具栏。在"图层"工具栏中的下拉列表中直接选择要设置为当前图层的图层即可，如图 2-9 所示，把"图层 1"设为当前图层。

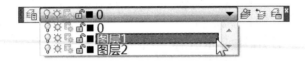

图 2-9　利用"图层"工具栏设置当前图层

(2) 利用"图层特性管理器"对话框。在"图层特性管理器"对话框中选择一个图层，然后单击【置为当前】按钮✔或双击该图层，可将此图层置为当前图层，如图 2-10 所示。

图 2-10　利用"图层特性管理器"对话框设置当前图层

(3) 将某个对象所属的图层设置为当前图层。在"图层"工具栏中单击【将对象的图层置为当前】按钮，然后选择对象，则所选对象所在图层即可成为当前图层。

3. 删除图层

在 AutoCAD 中，删除不使用的图层可以减少图形所占空间，但是只能删除未被参照的图层。参照的图层包括"图层 0"和 Defpoints、包含对象(包括块定义中的对象)的图层、当前图层以及依赖外部参照的图层。删除图层的途径如下：

(1) 单击"图层"工具栏中的【图层特性管理器】按钮，打开"图层特性管理器"对话框。在图层列表中选择要删除的图层，单击【删除图层】按钮✕，或按键盘上的【Delete】键删除图层。

注意：0 层和当前图层不能删除，包含对象的图层和依赖外部参照的图层不能删除。

(2) 在图层列表中选择要删除的图层，点击右键，在右键快捷菜单中选择"删除图层"命令，如图 2-11 所示。

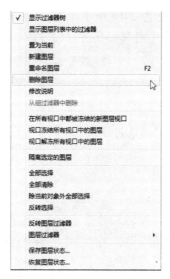

图 2-11 右键快捷菜单

说明：在使用"图层"工具栏管理图层时，要使"特性"工具栏(如图 2-12 所示)处于以下状态，否则图层特性混乱，为以后修改带来麻烦。

图 2-12 "特性"工具栏

任务2 精确绘图功能的设置

在 CAD 绘图中，利用状态栏(见图 2-13)提供的绘图辅助工具可以帮助我们快速精确地绘图，极大地提高绘图效率。下面介绍如何通过状态栏辅助绘图。在状态栏上的按钮若呈现灰色则为关闭状态，高亮显示则为打开状态。

图 2-13 状态栏

一、捕捉模式、栅格显示

"捕捉模式"用于限制十字光标，使其按照参数设置的间距移动，精确地捕捉到栅格上的点。栅格是按照参数设置的间距显示在图形区域中的点，就像一张坐标纸一样，可用于绘图时的参考，也可以直观地显示对象的大小及对象间的距离。栅格只在图形界限以内显示(默认图形界限为 A3 图纸大小)，打印时，栅格不会显示。

栅格经常配合捕捉一起使用。打开"捕捉模式"功能，移动鼠标会发现光标在栅格点间"跳跃"式移动，光标准确地对准到栅格点上。默认设置下，栅格间距与捕捉间距相等，X、Y 方向间距均为 10 个图形单位，也可以根据需要重新设置。其设置途径有以下两种：

• 执行菜单栏中的"工具"→"草图设置"命令，选择"捕捉和栅格"选项卡。

• 点击状态栏中的【捕捉模式】按钮▦或【栅格显示】按钮▦，点击右键，在弹出的快捷菜单中选择"设置"命令，如图 2-14 所示。随后，弹出"草图设置"对话框，如图 2-15 所示，在"捕捉和栅格"选项卡中对其参数进行设置。

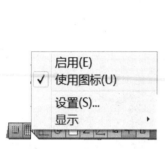

图 2-14 "栅格"快捷菜单   图 2-15 "草图设置"对话框

二、正交模式、极轴追踪

AutoCAD 提供的"正交模式"在绘制和编辑图形方面应用十分普遍。打开【正交模式】按钮，只能画水平和垂直两个方向的直线。"极轴追踪"是按预先设置的增量角度来追踪特征点，按照指定角度绘制对象。默认增量角为 90°，即在水平和竖直方向追踪。"极轴追踪"设置的途径有以下两种：

• 执行菜单栏中的"工具"→"草图设置"命令，选择"极轴追踪"选项卡。

• 选择状态栏中的【极轴追踪】按钮，点击右键，在弹出的快捷菜单中选择"设置"命令，弹出"草图设置"对话框，选择"极轴追踪"选项卡，如图 2-16 所示。

图 2-16 "极轴追踪"选项卡

注意："正交"模式将光标限制在水平或垂直(正交)轴上。因为不能同时打开"正交模式"和"极轴追踪",所以在"正交"模式打开时,AutoCAD 会自动关闭"极轴追踪"。如果要打开"极轴追踪",AutoCAD 将关闭"正交"模式。

"极轴追踪"选项卡各选项含义如下:

(1) 增量角:设置极轴角度增量的模数,在绘图过程中所追踪到的极轴角度将为次模数的倍数。如果设置增量角为 30°,对象捕捉追踪设置为"用所有极轴角设置追踪",如图 2-17 所示,则 AutoCAD 在执行命令过程中,遇到 30° 的倍数时,就会出现"极轴追踪"的显示。

图 2-17 设置"极轴追踪"选项卡参数

(2) 附加角:在设置角度增量后,仍有一些角度不等于增量值的倍数。对于这些特定的角度值,还可以通过单击【新建】按钮,添加新的角度,使追踪的极轴角度更加全面(最多只能添加 10 个附加角度)。

(3) 对象捕捉追踪设置:选择"仅正交追踪"模式,光标将被禁止沿水平或垂直方向移动,而只能通过特征点的水平或垂直方向上的对齐路径进行追踪。选择"用所有极轴角设置追踪"模式,遇到增量角的倍数时,就会出现极轴追踪的显示,可以沿着所有极轴角方向上的对齐路径进行追踪。

(4) 极轴角测量:选择"绝对"模式,系统将以当前坐标系下的 X 轴为起始轴计算出所追踪到的角度。选择"相对上一段"模式,系统将以上一个创建的对象为起始轴计算出所追踪到的相对于此对象的角度。

三、对象捕捉、对象捕捉追踪

"对象捕捉"功能能使光标精确地定位在对象的一个几何特征点上。根据对象捕捉的方式,可以分为自动对象捕捉和临时对象捕捉两种捕捉样式。

1. 自动对象捕捉

自动对象捕捉也称固定对象捕捉,可以选择"对象捕捉"选项卡中的若干种对象捕捉模式组合在一起，启用后可自动执行已设置的对象捕捉。精确绘图时设置固定对象捕捉方式非常重要，操作如下：

执行菜单栏中的"工具"→"草图设置"命令，选择"对象捕捉"选项卡，或者点击状态栏上的【对象捕捉】按钮，点击右键，在弹出的快捷菜单中选择"设置"命令，随后弹出"草图设置"对话框，选择其中的"对象捕捉"选项卡，如图 2-18 所示。

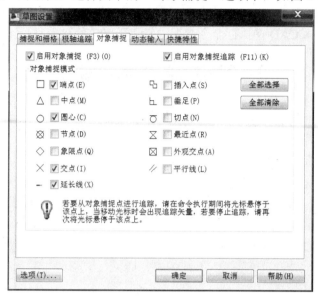

图 2-18　"对象捕捉"选项卡

"对象捕捉"模式选项区域中提供了 13 种对象捕捉方式，可以通过选中相应的复选框来选择需要启用的捕捉方式。完成对象捕捉设置后，单击状态栏中的【对象捕捉】按钮，使之处于打开状态即可执行。

说明： 在设置自动对象捕捉时，要根据绘图的实际要求，有目的地设置捕捉对象，否则在点集中的区域很容易造成捕捉混淆，使绘图不准确。

2. 临时对象捕捉

临时对象捕捉是一种临时性的捕捉，选择一次捕捉模式只能捕捉到一个特征点。通过打开"对象捕捉"工具栏可以实现临时对象捕捉方式的打开，如图 2-19 所示，具体操作如下：

图 2-19　"对象捕捉"工具栏

(1) 临时追踪点：该选项用于设置临时追踪点，使系统按照正交或者极轴的方式进行追踪。

(2) 捕捉自：该选项的功能是选择一点，以所选的点为基准点，再输入需要捕捉的点对于此点的相对坐标值来确定另一点。

(3) 捕捉到端点：该选项用于捕捉线段、矩形、圆弧等图形对象的端点，光标显示为"□"形状。

(4) 捕捉到中点：该选项用于捕捉线段、弧线、矩形的边线等图形对象的线段中点，光标显示为"△"形状。

(5) 捕捉到交点⋉：该选项用于捕捉图形对象间相交或延伸相交的点，光标显示为"✕"形状。

(6) 捕捉到外观交点⋉：在二维空间中，该选项与"捕捉到交点"工具的功能相同，可以捕捉两个对象的视图交点。该捕捉方式还可以在三维空间中捕捉两个对象的视图交点，光标显示为"⊠"形状。

(7) 捕捉到延长线‒‒：该选项的功能是使光标从图形的端点处开始移动，沿图形一边以虚线来表示此边的延长线，光标旁边显示对于捕捉点的相对坐标值，光标显示"‒‒‥"形状。

(8) 捕捉到圆心◎：该选项用于捕捉圆形、椭圆形等图形的圆心位置，光标显示为"☺"形状。

(9) 捕捉到象限点✥：该选项用于捕捉圆形、椭圆形等图形上象限点的位置，如0°、90°、180°、270°位置处的点，光标显示为"◇"形状。

(10) 捕捉到切点○：该选项用于捕捉圆形、圆弧、椭圆形与其他图形相切的切点位置，光标显示为"○"形状。

(11) 捕捉到垂足⊥：该选项用于绘制垂线，即捕捉图形的垂足，光标显示为"┕"形状。

(12) 捕捉到平行线∥：该选项的功能是以一条线段为参照，绘制另一条与之平行的直线。在指定直线起始点后，单击【捕捉直线】按钮，移动光标到参照线段上，当出现平行符号"∥"时表示参照线段被选中，移动光标，与参照线平行的方向会出现一条虚线(表示轴线)，输入线段的长度值即可绘制出与参照线平行的一条直线段。

(13) 捕捉到插入点🔁：该选项用于捕捉属性、块或文字的插入点，光标显示为"⊡"形状。

(14) 捕捉到节点 ∘ ：该选项用于捕捉使用"点"命令创建的点的对象，光标显示为"⊗"形状。

(15) 无捕捉🔛：该选项用于取消当前所选的临时捕捉方式。

(16) 对象捕捉设置🔲：单击此按钮，弹出"草图设置"对话框，在该对话框中可以选中"启用对象捕捉"复选框，并对捕捉方式进行设置。

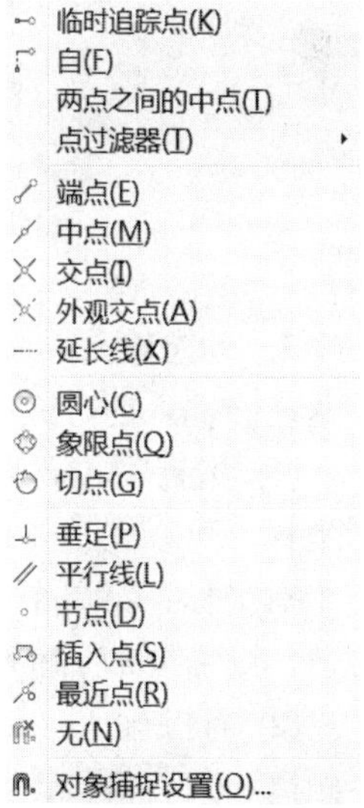

注意：使用临时对象捕捉方式还可以利用光标菜单来完成。具体操作方法为：按住键盘上的【Ctrl】键或者【Shift】键，在绘图窗口中单击右键,在弹出的"光标菜单"中选择相应的捕捉命令即可完成捕捉操作，如图2-20所示。

"对象捕捉追踪"功能可以看做是对象捕捉和极轴追踪两种功能的联合应用。使用该功能时先确定对象上的某一特征点，将光标移近捕捉框，找到特征点，然后以该点为起点进行极轴追踪，最后得到所需的目标点。要使用该功能，必须同时打开"对象捕捉"功能，并事先设置好所需的捕捉特征点，具体操作如下：

按下状态栏上的【对象捕捉追踪】按钮∠，点击右键，在弹出的快捷菜单中选择"设置"命令，随后弹出"草图设置"对话框，点击"对象捕捉"选项卡，进行设置。

↦ 临时追踪点(K)
⌐ 自(F)
两点之间的中点(T)
点过滤器(T) ▶
⌿ 端点(E)
⟋ 中点(M)
⟋ 交点(I)
⟋ 外观交点(A)
⸺ 延长线(X)
◎ 圆心(C)
◈ 象限点(Q)
○ 切点(G)
⊥ 垂足(P)
∥ 平行线(L)
∘ 节点(D)
🔁 插入点(S)
⟋ 最近点(R)
🔛 无(N)
🔲 对象捕捉设置(O)...

图2-20 光标菜单

四、动态 UCS、动态输入、动态提示

1. 动态 UCS

动态 UCS 是一种临时坐标系，在三维实体绘制中可以在创建对象时使 UCS 的 XY 平面与实体模型上的平面临时对齐，从而无需创建 UCS 就可以在某个实体平面上绘图。

动态输入功能的最大特点是可以不必在命令行中输入，而是在光标旁边的提示中输入。光标旁边显示的信息将随着光标的移动而动态更新。所选择的操作或者对象不同，动态提示内容也将不同。其设置途径有以下两种：

- 执行菜单栏中的"工具"→"草图设置"命令，选择"动态输入"选项卡。
- 选择状态栏中的【动态输入】按钮 ，点击右键，在弹出的快捷菜单中选择"设置"命令，随后弹出"草图设置"对话框，选择"动态输入"选项卡，如图 2-21 所示。

图 2-21 "动态输入"选项卡

2. 动态输入

动态输入的方式有两种："指针输入"和"标注输入"。

(1) 指针输入。启用"指针输入"且在执行命令时，将在十字光标附近的工具栏中显示坐标，可以在工具栏中输入坐标值，而不用在命令行中输入。在指定点时，第一个坐标是绝对坐标，第二个点和后续点为相对极坐标，不需要输入"@"符号。如果需要输入绝对值，则需要加上前缀"#"符号。

(2) 标注输入。启用"标注输入"时，当命令行提示输入第二点时，提示工具栏将显示距离和角度值，该值将随着光标移动而改变，按【Tab】键可以移动到需要更改的值上。使用标注输入设置可以根据需要设置相关的选项。

3. 动态提示

启用"动态提示"时，提示信息会显示在光标附近的工具栏提示中。用户可以在工具栏提示(而不是在命令行)中输入响应。按向下方向键可以查看和选择选项；按向上方向键可以显示最近的输入。

五、显示/隐藏线宽、快捷特性

(1) 显示/隐藏线宽：该功能用于显示或隐藏图层的线宽。用户可以在绘图窗口中选择显示或不显示线宽。单击绘图窗口状态栏中的【线宽】按钮，可以切换屏幕中的线宽显示。当按钮处于打开状态时，显示线宽；处于关闭状态时，则不显示线宽，默认为关闭状态。

(2) 快捷特性：该功能用于快捷特性选项板的设置。

任务3 设置绘图单位和图形界限

用 AutoCAD 软件绘制图形时，需要定制符合自己行业规范或标准的样板图，这个样板图的定制首先需要设置绘图环境。绘图环境的设置包括绘图单位、图形界限、设计比例、图层、文字样式和标注样式等。设置好的绘图环境可以保存为样板文件，以后可直接使用该样板文件定制的绘图环境。关于样板图的建立将在项目八中介绍这里先介绍修改系统配置、绘图单位和图形界限的方法。

一、修改系统配置

AutoCAD 2010 允许用户对系统环境进行设置，选择菜单【工具】→【选项】，或在命令行中输入"option"，或者(在未运行任何命令也未选择任何对象的情况下)在绘图区域单击鼠标右键，在弹出的菜单中选择"选项"，均可以打开如图 2-22 所示的"选项"对话框。对话框中包含了"文件"、"显示"、"打开和保存"、"打印和发布"、"系统"、"用户系统配置"等 10 余个选项卡，通过对各个选项卡的设置，可以改变绘图系统的参数。以下仅介绍几个常用的选项卡的设置。

图 2-22 "选项"对话框

1. "显示"选项卡

"选项"对话框中的"显示"选项卡如图 2-23 所示,用于设置绘图环境的显示属性,如窗口元素、布局元素、显示精度、显示性能、十字光标大小等。

图 2-23 "选项"对话框的"显示"选项卡

(1) 窗口元素:用于控制绘图环境的显示设置,其中的【颜色】按钮用于更改绘图区背景颜色。

(2) 显示精度:用于控制对象的显示质量。"圆弧和圆的平滑度"的有效范围为 1~20000,"渲染对象的平滑度"的有效范围为 1~10,显示精度越高,圆弧和圆的显示越光滑。

(3) 十字光标大小:用于控制十字光标的尺寸,有效值为全屏幕的 1%~100%。

其余选项可按默认值,一般不必更改。

2. "打开和保存"选项卡

"选项"对话框中的"打开和保存"选项卡如图 2-24 所示,可用于控制文件打开和保存的相关选项。

图 2-24 "选项"对话框的"打开和保存"选项卡

"文件保存"选项组中的"另存为"下拉列表框，用于设置文件保存的格式，可设置为较低版本的格式如"AutoCAD 2004 图形(*.dwg)"，以方便更低版本用户打开文件。

"文件安全措施"选项组中的"自动保存"复选框，用于设置是否自动保存。"保存间隔分钟数"前的文本框用于设置自动保存时间间隔，选用此选项功能可以避免意外断电或死机造成的工作成果丢失。

3."草图"选项卡

"选项"对话框中的"草图"选项卡如图 2-25 所示，可用于指定多个基本编辑选项，包括自动捕捉、自动追踪、对齐点获取、靶框大小等多项内容的设置。

(1) "自动捕捉设置"选项组中的【颜色】按钮用于设置自动捕捉标记的颜色。

(2) "自动捕捉标记大小"选项组中的滑块，可用于调整自动捕捉标记的大小。

(3) "靶框大小"选项组中的滑块，用于调整十字光标中靶框的大小。

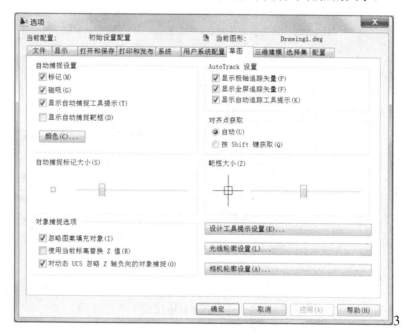

图 2-25 "选项"对话框的"草图"选项卡

二、设置绘图单位

绘图单位是在设计中所采用的单位，创建的所有对象都是根据图形单位进行测量的。开始绘图前，必须基于要绘制的图形确定一个图形单位所代表的实际大小，然后据此惯例创建实际大小的图形。

执行图形单位的设置途径有以下两种：

• 从下拉菜单中选取"格式"→"单位"。

• 在命令行输入"units✓(回车)。"

执行命令后弹出"图形单位"对话框，如图 2-26 所示。在这个对话框中包含长度单位、角度单位、精度以及极坐标方向等选项。

图 2-26 "图形单位"对话框

1. 长度单位

在"类型"列表中有 5 种单位格式："分数"、"工程"、"建筑"、"科学"、"小数"。其中，"小数"便是通常使用的十进制计数方式；"分数"为分数表示法；"科学"为科学计数法；"建筑"及"工程"采用的是英制单位体系。一般情况下都采用"小数"的长度单位类型，这是符合国标的长度单位类型。

以上 5 种长度单位格式中，"小数"、"分数"、"科学"的图形单位可以表示 1 mm、1 m、1 km 等。实际绘图时可以视绘图单位为图形尺寸标注的单位，通常将 1 个绘图单位视为 1 mm。

在"精度"下拉列表框中可以选择长度单位的精度，比如当选择"0.00"精度时，表示精确到小数点后 2 位。

2. 角度单位

AutoCAD 同样提供了五种角度单位类型：百分度，度、分、秒，弧度，勘测单位，十进制度数。其中，"十进制度数"是用十进制表示角度值；"百分度"是一种特殊的角度测量单位，通常不使用百分度单位；"度、分、秒"是用"°"、"′"、"″"来表示角度；"弧度"是用弧度单位来表示角度；"勘测单位"是大地坐标的测量单位，需要指定方位和角度值。通常使用"十进制度数"来表示角度值。

在"角度"区的"精度"下拉列表中可以选择角度单位的精度，比如"0"精度，表示不保留小数位。

3. 方向设置

在"图形单位"对话框底部单击【方向】按钮，弹出"方向控制"对话框，如图 2-27 所示。在对话框中定义起始角(0°角)的方位，通常将"东"作为 0°角的方向，单击【确定】按钮可以保存设置并退出"方向控制"对话框。

图 2-27 "方向控制"对话框

最后，单击"图形单位"对话框中的【确定】按钮，完成对 AutoCAD 绘图单位的修改。

三、设置图形界限

图形界限是指绘图的区域，AutoCAD 提供了符合国际标准的从 A0 到 A4 的样板图。这些样板图已经设置图形界限，如 A1 的图形界限为 841 mm×594 mm。

执行设置图形界限的途径有以下两种：

- 从下拉菜单选取"格式"→"图形界限"。
- 在命令行输入"limits↙(回车)。"

图形界限可以根据实际情况随时进行调整。例如，绘制一个两室一厅的户型图(外形最大尺寸为 11 640 mm×7440 mm)，在设置图形界限时，考虑到绘图区域必须大于实际尺寸并和标准图纸之间有一定的匹配关系，使用 A4 图幅 1∶100 打印，则可以设置图形范围为 A4 的 100 倍，即 29700×21000。

如果以(0，0)作为左下角点，那么右上角点的坐标就是绘图区域的宽度和高度，具体绘制步骤如下：

命令：limits

重新设置模型空间界限：

指定左下角点或[开(ON)/关(OFF)]<0.0000,0.0000>: ↙(指定图形界限的左下角点坐标)

指定右上角点<420.0000,297.0000>: 29700，21000 (指定图形界限的右上角点坐标)

当图形界限设置完毕后，需要执行菜单"视图"→"缩放"→"全部"以观察整个图形。

实际工程中为保证精确绘图和协同设计，应该尽量采用 1∶1 的比例绘制图形，这样可以不必进行繁琐的比例换算，待图形绘制完成后，再按照一定比例输出到图纸上。

实 训 2

实训 2.1 按照要求设置图层

设置如下图层，并调整线型比例。其中：

粗实线：白色，线型为 Continuous，线宽为 0.60。

中实线：蓝色，线型为 Continuous，线宽为 0.30。

细实线：绿色，线型为 Continuous，线宽为 0.15。

虚线：黄色，线型为 Dashed，线宽为 0.3。

点划线：红色，线型为 Center，线宽为 0.15。

实训 2.2 绘制已知两圆的公切线

一、实训内容

利用"对象捕捉"工具栏上的"捕捉切点"命令在实训一设置的粗实线图层上绘制两

个圆的公切线，如图 2-28 所示。

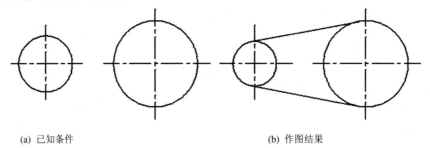

(a) 已知条件   (b) 作图结果

图 2-28   绘制已知两圆的公切线

二、操作提示

(1) 调出"对象捕捉"工具栏 ［工具栏图标］。

(2) 执行直线命令，左键点击【捕捉到切点】按钮 ［图标］，在左边小圆切点大概位置拾取一点，再次点击【捕捉到切点】按钮 ［图标］，在右边大圆切点附近位置拾取一点，即可绘制出切线。

实训 2.3   绘制房屋立面图

一、实训内容

绘制房屋立面图，如图 2-29 所示。

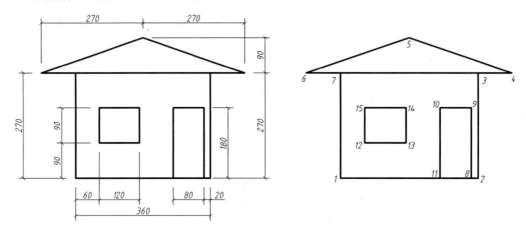

图 2-29   房屋立面图

二、操作提示

1．绘制房屋立面图的轮廓

命令：line

指定第一点：(在绘图窗口的下方指定第 1 点)

指定下一点或[放弃(U)]：<极轴开> 360(0° 极轴追踪，输入距离 360，确定第 2 点)

指定下一点或[放弃(U)]：270(90° 极轴追踪，输入距离 270，确定第 3 点)

指定下一点或[闭合(C)/放弃(U)]：90(0° 极轴追踪，输入距离 90，确定第 4 点)

指定下一点或[闭合(C)/放弃(U)]：@-270,90(输入相对坐标，确定第 5 点)

指定下一点或[闭合(C)/放弃(U)]：@-270,-90(输入相对坐标，确定第 6 点)

指定下一点或[闭合(C)/放弃(U)]：90(0°极轴追踪，输入距离 90，确定第 7 点)

指定下一点或[闭合(C)/放弃(U)]：c(直线闭合)

2. 绘制直线"7"、"3"

命令：line

指定第一点：<对象捕捉开>(打开对象捕捉，确认端点和垂足捕捉已设置)

指定下一点或[放弃(U)]：(捕捉端点 7)

指定下一点或[放弃(U)]：(捕捉端点 3)

注意：可直接按【回车】键或【空格】键，重复上一个使用的"直线"命令。

3. 绘制房屋的门

命令：line

指定第一点：from(利用"捕捉自"确定点。)

基点：(捕捉第 2 点作为基点)

<偏移>：@-20, 0(输入 8 点相对于 2 点的偏移量(Δx=-20，Δy=0)，得到第 8 点)

指定下一点或[放弃(U)]：180(90 极轴追踪，输入距离 180，确定第 9 点)

指定下一点或[放弃(U)]：90(180 极轴追踪，输入距离 90，确定第 10 点)

指定下一点或[闭合(C)/放弃(U)]：(在直线 12 上捕捉垂足，确定第 11 点)

4. 绘制房屋的窗户

命令：line

指定第一点：from(利用"捕捉自"确定点。)

基点：(捕捉第 1 点作为基点。)

<偏移>：@60,90(输入 12 点相对于 1 点的偏移量(Δx=60，Δy=90，得到第 12 点)

指定下一点或[放弃(U)]：120(0°极轴追踪，输入距离 360，确定第 13 点)

指定下一点或[放弃(U)]：90(90°极轴追踪，输入距离 90，确定第 14 点)

指定下一点或[放弃(U)]：120(180°极轴追踪，输入距离 120，确定第 15 点)

指定下一点或[闭合(C)/放弃(U)]：c(直线闭合)

项目三

平面图形的绘制

AutoCAD 2010 提供了多种绘制基本图形对象的命令，如点、线、圆、圆弧、椭圆、椭圆弧、圆环、矩形、正多边形、样条曲线、图案填充等。常用的绘图命令可以在"AutoCAD经典"空间的"绘图"工具栏找到对应的图标按钮。如在"二维草图与注释"空间，可在"绘图"选项卡中选取，如图 3-1、图 3-2 所示。

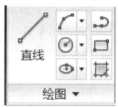

图 3-1 "绘图"工具栏   图 3-2 "绘图"选项卡

任务 1　直线、构造线和射线

一、绘制直线

利用直线命令可以绘制一条线段或一系列连续的直线段，但每条直线段都是一个独立的对象。

1. 执行途径

- 单击"绘图"工具栏或功能区面板中的【直线】按钮 。
- 从"绘图"下拉菜单中选取"直线"命令。
- 在命令行输入"l(line 命令的缩写)✓(回车)"。

2. 命令操作

执行命令后，命令行提示信息及操作步骤如下：

　　　　命令：line (指定第一点：(按【Enter】键、【空格】键或鼠标右键确定第一点))

　　　　　指定下一点或[放弃(u)]：(按【Enter】键表示取消最近的一点的绘制)

当绘制了三点或三点以上时，想让第一点和最后一点闭合并结束直线的绘制时，可在命令栏中输入 c，按【Enter】键即可。

二、绘制构造线

构造线一般作为辅助线使用，利用构造线命令创建的线是无限长的。实际工作中，该命令常用于绘制三视图的辅助线或建筑工程图样的框架线。

1．执行途径

- 单击"绘图"工具栏或功能区面板中的【构造线】按钮 ✎。
- 从"绘图"下拉菜单中选取"构造线"命令。
- 在命令行中输入命令"xline ✓(回车)"。

2．命令操作

执行命令后，命令行提示信息及操作步骤如下：

命令：xline 指定点或［水平(H)/垂直(V)/角度(A)/二等分(B)/偏移(O)］：

其中的各选项含义为：

(1) 缺省选项：该选项可画一条或一组穿过起点和各通过点的无限长直线。

(2) 水平(H)：该选项可画一条或一组通过指定点的水平构造线。

(3) 垂直(V)：该选项可画一条或一组通过指定点的垂直构造线。

(4) 角度(A)：该选项可画一条或一组指定角度的构造线。

(5) 二等分(B)：该选项指定三点画角平分线。

(6) 偏移(O)：该选项绘制与指定直线平行的构造线。此时有两种方式：① 通过指定点画出所选直线的平行线；② 给定偏移距离画出所选直线的平行线。

三、绘制射线

射线是以某点为起点，向一个方向延伸的线。射线命令在辅助作图时使用。

1．执行途径

- 单击"绘图"功能区面板上的【射线】按钮 ✎。
- 从"绘图"下拉菜单中选取"射线"命令。
- 在命令行中输入命令"ray ✓(回车)"。

2．命令操作

执行命令后，命令行提示信息及操作步骤如下：

命令：ray (指定起点：(单击鼠标或从键盘输入起点的坐标，以指定起点))

指定通过点：(移动鼠标单击，或输入点的坐标，即可指定通过点，画出一条射线)

连续移动鼠标并单击，即可通过该起点画出数条射线。按【Enter】键或【空格】键或右击即可结束射线的操作。

任务2　多　段　线

多段线是 AutoCAD 中最常用且功能较强的图形对象之一，是由直线段和圆弧构成的一个组合体，是一个单独的图形对象。在绘制过程中，用户可以随意设置线宽。

一、绘制多段线

1. 执行途径

- 单击"绘图"工具栏或功能区面板中的【多段线】按钮 ↵ᴗ。
- 从"绘图"下拉菜单中选取"多段线"命令。
- 在命令行中输入命令"pline ↙(回车)"。

2. 命令操作

执行命令后，命令行提示信息及操作步骤如下：

    命令：pline

    指定起点：(给起点)

    当前线宽为 0.0000

    指定下一个点或[圆弧(A)/闭合(C)/半宽(H)/长度(L)/放弃(U)/宽度(W)]：(指定点或选项)

该命令有两种方式：直线方式和圆弧方式。

(1) 如果选择直线方式，则命令行给出直线对应的提示如下：

命令行继续提示：

    指定下一个点或[圆弧(A)/闭合(C)/半宽(H)/长度(L)/放弃(U)/宽度(W)]：

其中各选项含义为：

① 指定下一个点：缺省选项，则该点为直线段的另一端点。可继续给出点画直线或按【Enter】键结束命令(与 line 命令操作类似，并按当前线宽画直线)。

② 圆弧(A)：使 pline 命令转入画圆弧方式，并给出绘制圆弧的提示。

③ 闭合(C)：同 line 命令相同。

④ 半宽(H)：该选项用来确定多段线的半宽度，操作过程同宽度(W)选项。

⑤ 长度(L)：用于确定多段线的长度，可输入一个数值，按指定长度延长上一条直线。

⑥ 放弃(U)：可以删除多段线中刚画出的那段线。

⑦ 宽度(W)：可改变当前线宽。输入 w 后，命令行提示：

    指定起点线宽<0.0000>：(给起始线宽)

    指定端点线宽<起点线宽>：(给端点线宽)

命令行继续提示：

    指定下一个点或[圆弧(A)/闭合(C)/半宽(H)/长度(L)/放弃(U)/宽度(W)]：

注意：如起点线宽与端点线宽相同则画等宽线；如起点线宽与端点线宽不同，则所画第一条线为不等宽线，后续线段将按端点线宽画等宽线。

(2) 如果选择圆弧方式，则命令行给出圆弧对应的提示如下：

    指定圆弧的端点或[角度(A)/圆心(CE)/方向(D)/半宽(H)/直线(L)/半径(R)/第二点(S)/放弃(U)/宽度(W)]：(给出点或选项)

其中各选项含义为：

① 缺省选项：所给点是圆弧的端点。

② "角度(A)"：输入所画圆弧的包含角。

③ "圆心(CE)"：指定所画圆弧的圆心。

④ "方向(D)"：指定所画圆弧起点的切线方向。

⑤ "半宽(H)"：指定圆弧起点和端点的圆弧半宽。

⑥ "直线(L)"：返回画直线方式，出现直线方式提示行。

⑦ "半径(R)"：指定所画圆弧的半径。

⑧ "第二点(S)"：指定按三点方式画圆弧的第二点。

二、编辑多段线

在 AutoCAD 2010 中，可以一次编辑一条或多条多段线。

1．执行途径

• 单击"修改Ⅱ"工具栏中的【编辑多段线】按钮 ╱。

• 执行菜单栏中的"修改"→"对象"→"多段线"命令，如图 3-3 所示。

• 命令行中输入命令"pedit ╱(回车)"。

图 3-3　"修改Ⅱ"工具栏

2．命令操作

调用编辑二维多段线命令后，单击要编辑的多段线，将出现所对应的快捷菜单，选取相应的菜单命令，将得到不同的多段线编辑效果。

任务 3　矩形和正多边形

一、绘制矩形

矩形也是工程图样中常见的元素之一，矩形可以通过定义两个对角点来绘制，同时可以设定其宽度、圆角和倒角等。

1．执行途径

• 单击"绘图"工具栏或"功能区"面板中的【矩形】按钮 ▭。

• 执行菜单栏中的"绘图"→"矩形"命令。

• 在命令行中输入命令"rectangle ╱(回车)"。

2．命令操作

执行命令后，命令行提示信息及操作步骤如下：

指定第一个角点或 [倒角(C)/标高(E)/圆角(F)/厚度(T)/宽度(W)]:（给出角点）

指定另一个角点或 [面积(A)/尺寸(D)/旋转(R)]:

如果选择第一角点，则会继续出现确定第二角点的命令提示，这时将自动绘出一个矩形。其他选项的含义如下：

(1) 倒角(C)：该选项用于设定矩形四角为倒角及大小。

(2) 标高(E)：该选项用于确定矩形在三维空间内的某面高度。

(3) 圆角(F)：该选项用于设定矩形四角为圆角及大小。

(4) 厚度(T)：该选项用于设置矩形厚度。

(5) 宽度(W)：该选项用于设置线宽。

(6) 尺寸(D)：该选项用于输入矩形的长宽。

(7) 面积(A)：该选项用于输入以当前单位计算的矩形面积。

(8) 旋转(R)：该选项用于指定旋转角度。

🐢**说明**：绘制的矩形是一个整体，所以编辑时必须先通过分解命令使之分解成单个的线段，同时因为矩形也失去了线宽的性质。

二、绘制正多边形

在 AutoCAD 2010 中，正多边形是具有等边长的封闭图形，其边数为 3～1024。绘制正多边形时，用户可以通过与假想圆的内接或外切的方法来进行，也可以通过指定正多边形某边的端点来绘制。

1．执行途径

- 单击"绘图"工具栏或"功能区"面板中的【正多边形】按钮⬠。
- 执行菜单栏中的"绘图"→"正多边形"命令。
- 在命令行中输入命令"polygen ↙(回车)"。

2．命令操作

执行命令后，命令行提示信息及操作步骤如下：

指定正多边形的中心点或[边(E)]:

(在该提示下，有两种选择，一种是直接输入一点作为正多边形的中心；另一种是输入 E，即指定两个点，以该两点的连线作为正多边形的一条边，利用输入正多边形的边长确定正多边形)

(1) 直接输入正多边形的中心时，AutoCAD 提示行中有两种选择：

输入选项[内接于圆(I)/外切于圆(C)] <I>:

(输入 i，指定画圆内接正多边形；如果输入 c，则指定画圆外切正多边形)

(2) 输入 e 时，系统提示：

指定边的第一个端点：

指定边的第二个端点：

(可以直接点击两点确定一边；也可以先点击一点，再输入长度确定一边。系统根据指定的边长就可绘制出正多边形)

任务 4　圆 和 圆 弧

一、绘制圆

1．执行途径

- 单击"绘图"工具栏或"功能区"面板中的【圆】按钮◎。
- 执行菜单栏中的"绘图"→"圆"命令。
- 在命令行中输入命令"circle ✓(回车)"。

2．命令操作

执行命令后，命令行提示信息及操作步骤如下：

　　指定圆的圆心或 [三点(3P)/两点(2P)/相切、相切、半径(T)]：

AutoCAD2010 提供了六种画圆方法，如图 3-4 所示。

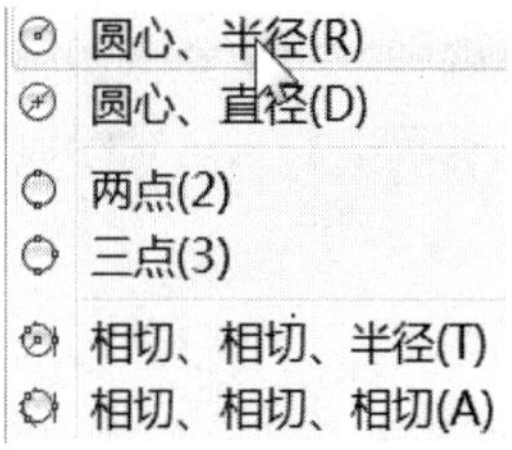

其中各选项含义如下：

(1) 圆心、半径(R)：AutoCAD 2010 中缺省的方法是确定圆心和半径画圆。用户在"指定圆的圆心"提示下，输入圆心坐标后，命令行提示：

　　指定圆的半径或[直径(D)]：

　　直接输入半径，按【Enter】键结束命令。如果输入直径 D，命令行继续进行提示：

　　指定圆的直径<D>：

　　输入圆的直径，按【Enter】键结束命令

(2) 圆心、直径(D)：圆心和直径决定一个圆。指定圆心，直接在命令行中输入直径或移动鼠标，即可画出一个圆。

(3) 两点(2P)：该选项用于用直径的两个端点决定一个圆。单击直径的第一个端点，用鼠标直接拉开画出一条直径再单击第二个端点以确定一个圆；也可在拉开鼠标时直接输入直径，然后单击以确定一个圆。

(4) 三点(3)：该选项用于用圆弧上的三个点决定一个圆。随便单击三点可确定一个圆。

(5) 相切、相切、半径(T)：选择两个对象(直线、圆弧或其他圆)并指定圆的半径，系统会使绘制的圆与选择的两个对象相切。

(6) 相切、相切、相切(A)：选择三个对象(直线、圆弧或其他圆)，系统会使绘制的圆与选择的三个对象相切。此方式只能在菜单中或在选项卡中选取。

输入圆命令后，单击鼠标右键，出现图 3-5 所示菜单，选取画圆方式。

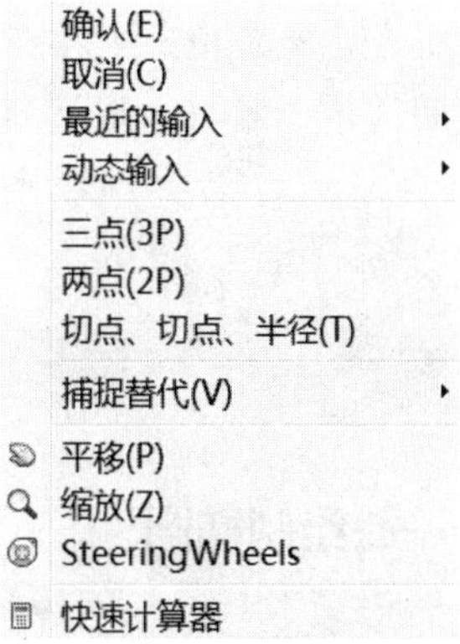

图 3-4　画圆方法

图 3-5　画图右键菜单

二、绘制圆弧

1. 执行途径

• 单击"绘图"工具栏或"功能区"面板中的【圆弧】按钮 $\curvearrowright$ 。

• 执行菜单栏中的"绘图"→"圆弧"命令，在子菜单中选择画圆弧的方式，AutoCAD 将按所取方式依次提示，给足三个条件即可绘制一段圆弧。

(3) 在命令行中输入命令"arc ↙(回车)"。

2. 命令操作

执行命令后，命令行提示信息及操作步骤如下：

  指定圆弧的起点或 [圆心(C)]:

  指定圆弧的第二个点或 [圆心(C)/端点(E)]:

  指定圆弧的端点:

AutoCAD 2010 共提供了 10 种绘制圆弧的方法，如图 3-6 所示。其中缺省状态下是通过确定三点来绘制圆弧的。绘制圆弧时，可以通过设置起点、方向、圆心、角度、端点、弦长等参数来进行绘制。用户可以根据自己的需要，选择相应的方法进行圆弧的绘制。

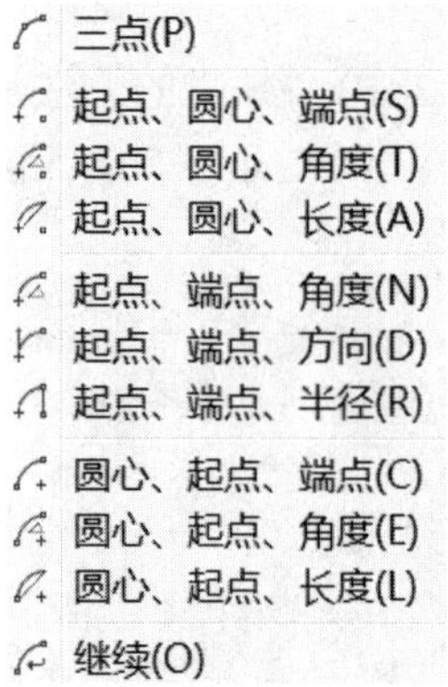

$\curvearrowleft$ 三点(P)
$\curvearrowleft$ 起点、圆心、端点(S)
$\curvearrowleft$ 起点、圆心、角度(T)
$\curvearrowleft$ 起点、圆心、长度(A)
$\curvearrowleft$ 起点、端点、角度(N)
$\curvearrowleft$ 起点、端点、方向(D)
$\curvearrowleft$ 起点、端点、半径(R)
$\curvearrowleft$ 圆心、起点、端点(C)
$\curvearrowleft$ 圆心、起点、角度(E)
$\curvearrowleft$ 圆心、起点、长度(L)
$\curvearrowleft$ 继续(O)

图 3-6 圆弧子菜单

☀ 说明：绘制圆弧需要输入圆弧的角度时，若角度为正值，则按逆时针方向画圆弧；若角度为负值，则按顺时针方向画圆弧。若输入弦长和半径为正值，则绘制 180° 范围内的圆弧；若输入弦长和半径为负值，则绘制大于180° 的圆弧。

任务5 椭圆和椭圆弧

一、绘制椭圆

绘制椭圆时的主要参数是椭圆的长轴和短轴，绘制椭圆的缺省方法是通过指定椭圆的第一根轴线的两个端点及另一半轴的长度。

1．执行途径

- 单击"绘图"工具栏或"功能区"面板中的【椭圆】按钮 ◯。
- 执行菜单栏中的"绘图"→"椭圆"命令。
- 在命令行中输入命令"ellipse ✓(回车)"。

2．命令操作

执行命令后，命令行提示信息及操作步骤如下：

　　　指定椭圆的轴端点或[圆弧(A)/中心点(C)]：

　　　指定轴的另一个端点：

　　　指定另一条半轴长度或 [旋转(R)]：

按上述提示信息，有以下几种选择：

(1) 利用椭圆某一轴上的两个端点以及另一轴的半长绘制椭圆。

(2) 利用椭圆某一轴上的两个端点以及一个转角绘制椭圆。

(3) 利用椭圆的中心坐标、某一轴上的一个端点以及另一轴的半长绘制椭圆。

(4) 利用椭圆的中心坐标、某一轴上的一个端点以及任意一个转角绘制椭圆。

二、绘制椭圆弧

绘制椭圆弧的方法与绘制椭圆相似，首先要确定椭圆的长轴和短轴，然后再输入椭圆弧的起始角度和终止角度即可。

1．执行途径

- 单击"绘图"工具栏或"功能区"面板中的【椭圆弧】按钮 ◐。
- 执行菜单栏中的"绘图"→"椭圆"→"圆弧"命令。
- 在命令行中输入命令"ellipse ✓(回车)"。

2．命令操作

执行命令后，命令行提示信息及操作步骤如下：

　　　指定椭圆的轴端点或 [圆弧(A)/中心点(C)]: a

　　　指定椭圆弧的轴端点或 [中心点(C)]：

　　　指定轴的另一个端点：

　　　指定另一条半轴长度或 [旋转(R)]：

　　　指定起始角度或 [参数(P)]：

　　　指定终止角度或 [参数(P)/包含角度(I)]：

🖐说明：绘制椭圆弧时最后确定的起始角度和终止角度是按逆时针旋转的。

任务6　圆　　环

圆环是一种可以填充的同心圆，其内径可以是 0，也可以和外径相等。在绘制过程中用户需要指定圆环的内径、外径以及中心点。

1. 执行途径

- 单击"绘图"工具栏或"功能区"面板中的【圆环】按钮◎。
- 执行菜单栏中的"绘图"→"圆环"命令。
- 在命令行中输入命令"donut ∠(回车)"。

2. 命令操作

执行命令后，命令行提示信息及操作步骤如下：

指定圆环的内径<0.5000>: (给出圆环的内径)

指定圆环的外径<1.0000>: (给出圆环的外径)

指定圆环的中心点或<退出>: (给出圆环的中心位置)

任务 7 点 对 象

一、点的样式

执行画点命令之前，应先设置点的样式。

1. 执行途径

- 执行菜单栏中的"格式"→"点样式"命令。
- 在命令行中输入命令"ddptype ∠(回车)"。

2. 命令操作

执行命令后，打开"点样式"对话框，如图 3-7 所示。

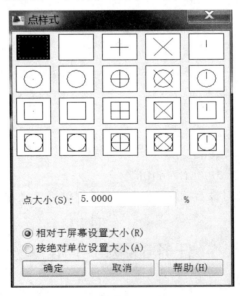

图 3-7 "点样式"对话框

在该对话框中，根据需要选中一个点样式，设置为当前点的样式。

二、绘制点或等分点

1．执行途径

• 单击"绘图"工具栏或"功能区"面板中的【多点】按钮 ⸱ 。

• 执行菜单栏中的"绘图"→"点"→"单点"或"多点"或"定数等分"或"定距等分"命令。

2．命令操作

(1) 绘制单点。每次绘制一个点。

(2) 绘制多点。连续绘制点，按【Esc】键结束。

执行单点命令后，命令行提示信息及操作步骤如下：

> 当前点模式：PDMODE=0 PDSIZE=0.0000

> 指定点：(在该提示行中，可以在命令行中输入点的坐标，也可以通过光标在屏幕上直接确定一点)

(3) "定数等分"或"定距等分"。

利用点的等分命令，可以沿着直线或圆周方向均匀间隔一段距离排列点的实体或块，可等分的对象包括圆、圆弧、椭圆、椭圆弧、多段线等。

① 定数等分。输入点执行命令后，命令行提示信息如下：

> 选择要定数等分的对象：(选择图形对象)

> 输入线段数目或 [块(B)]：(输入等分数目或输入要插入的块名后以不同排列方式插入块)

② 定距等分。输入点执行命令后，命令行提示信息如下：

> 选择要定距等分的对象：(选择图形对象)

> 指定线段长度或 [块(B)]：(给定线段长度)

进行定距等分的对象可以是直线、多段线和样条曲线等，但不能是块、尺寸标注、文本及剖面线等对象。在绘制点时，将距离选择对象点处较近的端点作为起始位置。若所分对象的总长不能被指定间距整除，则最后一段长度指定剩下的间距。

任务8 样 条 曲 线

样条曲线是由多条线段光滑过渡而形成的曲线，其形状是由数据点、拟合点及控制点来控制的。其中数据点是在绘制样条曲线时，由用户来确定的；拟合点及控制点是由系统自动产生，用来编辑样条曲线的。

1．执行途径

• 单击"绘图"工具栏或"功能区"面板中的【样条曲线】按钮 ⁓ 。

• 执行菜单栏中的"绘图"→"样条曲线"命令。

• 命令行中输入命令"spline ∠(回车)"。

2．命令操作

执行命令后，命令行提示信息及操作步骤如下：

> 指定第一个点或 [对象(O)]：(指定样条曲线的起点)

指定下一点: (指定第 2 点)

指定下一点或 [闭合(C)/拟合公差(F)] <起点切向>: (依次指定其余点，最后按【Enter】键结束绘制)

指定起点切向: (可用单击鼠标的方式确定起始点的切线方向，也可输入点的坐标)

指定端点切向: (同上)

任务9 多　线

多线是一种由多条平行线组成的组合对象，可由 1～16 条平行线组成。在建筑制图中常用多线绘制墙体。

一、绘制多线

1．执行途径

- 执行菜单栏中的"绘图"→"多线"命令。
- 在命令行中输入命令"mline ✓(回车)"。

2．命令操作

执行命令后，命令行提示信息及操作步骤如下：

当前设置: 对正 = 上，比例 = 20.00，样式 = STANDARD

指定起点或 [对正(J)/比例(S)/样式(ST)]:

其中各选项的含义如下：

(1) 对正(J)：与绘制直线相同，绘制多线也要输入多线的端点，但多线的宽度较大，需要清楚拾取点在多线的哪一条线上，即多线的对正方式，缺省为[上(T)]。AutoCAD 提供了 3 种对齐方式供选择，如图 3-8 所示。

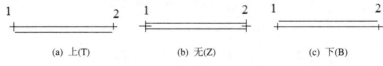

(a) 上(T)　　　　　　(b) 无(Z)　　　　　　(c) 下(B)

图 3-8　多线的对齐方式

① 选项"上(T)"：顶线对正，拾取点通过多线的顶线。

② 选项"无(Z)"：零线对正，拾取点通过多线中间那条线，这是实际应用最多的一种对齐方式。

③ 选项"下(B)"：底线对正，拾取点通过多线的底线。

(2) 比例(S)：该选项用来确定所绘多线相对于定义(或缺省)的多线的比例系数，缺省值为 20。用户可以通过给定不同的比例改变多线的宽度。

(3) 样式(ST)：该选项用来确定绘多线时所选定的多线样式，缺省样式为 STANDARD。

指定下一点:

二、设置"多线样式"

多线中包含直线的数量、线型、颜色、平行线之间的间隔、端口形式等要素，这些要素称为多线样式。因此，绘制多线之前需进行样式设置。

1. 执行途径

- 执行菜单栏中的"格式"→"多线样式"命令。
- 在命令行中输入命令"mlstyle ✓(回车)"。

2. 命令操作

执行命令后，打开"多线样式"对话框，如图 3-9 所示。

图 3-9　"多线样式"对话框

(1) 单击【新建】按钮，打开"创建新的多线样式"对话框，在"新样式名"文本框中输入新样式名称："240 墙"，如图 3-10 所示。

图 3-10　"创建新的多线样式"对话框

(2) 单击【继续】按钮，进入"新建多线样式：240 墙"对话框，如图 3-11 所示。

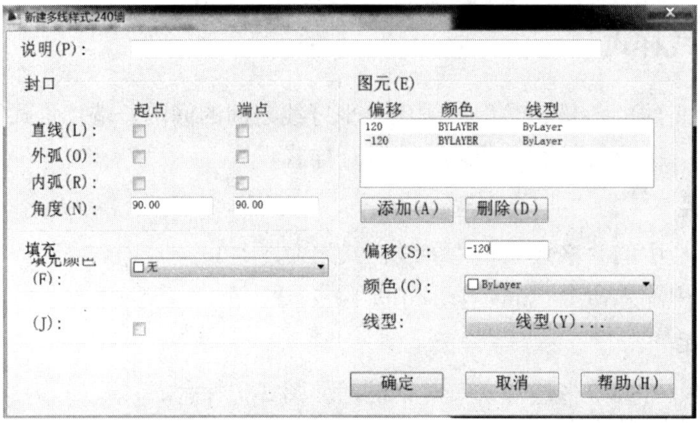

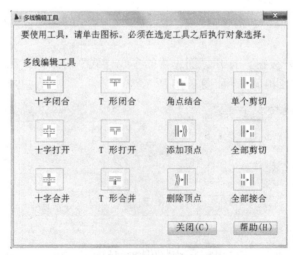

图 3-11　"新建多线样式：240 墙"对话框

(3) 单击"0.5 随层 Bylayer"行的任意位置选中该项，在下面的"偏移"文本框中输入"120"；再单击"-0.5 随层 Bylayer"行的任意位置选中该项，将其"偏移"值修改为"-120"。

(4) 同时在"说明"文本框中输入必要的文字说明，单击【确定】按钮返回到"多线样式"对话框。此时，新建样式名"240 墙"将显示在"样式"列表框中，单击【置为当前】→【确定】按钮，AutoCAD 就将此"多线样式"保存并设成当前"多线样式"，设置完成。

三、编辑多线

Mledit 命令是一个专用于多线对象的编辑命令，执行菜单栏中的"修改"→"对象"→"多线"命令，可打开"多线编辑工具"对话框，如图 3-12 所示。该对话框将显示工具，并以四列显示样例图像。第一列控制十字交叉的多线，第二列控制 T 形相交的多线，第三列控制角点结合和顶点，第四列控制多线中的打断。对话框中的各个图像按钮形象地说明了编辑多线的方法。

图 3-12　"多线编辑工具"对话框

多线编辑时，先选取图中的多线编辑样式，再用鼠标选中要编辑的多线即可。

任务10 图 案 填 充

图案填充就是用某种图案充满图形中的指定封闭区域。在大量的建筑图样中，需要在剖视图、断面图上绘制填充图案。在其他的设计图中，也常需要将某一区域填充某种图案，AutoCAD 2010 提供了多种不同的符号以供选择。

一、图案填充命令

1．执行途径

- 单击"绘图"工具栏或"功能区"面板上的【图案填充】按钮。
- 执行菜单栏中的"绘图"→"图案填充"命令。
- 在命令行中输入命令"hatch ↙(回车)"。

2．命令操作

执行命令后，将打开"图案填充和渐变色"对话框，里面包括了"图案填充"和"渐变色"两个选项卡，默认为"图案填充"选项卡，如图 3-13 所示。

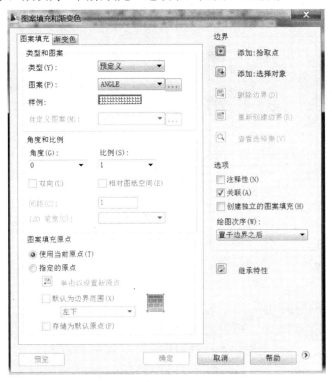

图 3-13 "图案填充和渐变色"对话框

"图案填充"选项卡中显示的内容如下：

1) 类型和图案

(1) "类型"下拉列表框：用于控制选择图案的类型，包括"预定义"、"用户定义"、"自定义"三种类型。

① "预定义"类型。该类型的填充图案是 AutoCAD 存储在产品附带的 acad.pat 或 acadiso.pat 文件中的预先定义的图案。

② "用户定义"类型。该类型的填充图案由基于图形中的当前线型的线条组成，它们将显示在"样例"栏中。可以通过更改"角度和比例"中的"间距"和"角度"的参数来改变填充的疏密程度和倾角大小，还可以通过选中"双向"复选框来双向填充线条。

③ "自定义"类型。该类型的填充图案是在自定义 PAT 文件中定义的图案。

(2) "图案"下拉列表框：单击"图案"后面的按钮 […]，将显示"填充图案选项板"对话框，如图 3-14 所示。在该对话框中提供了四个选项卡，分别为 ANSI(美国国家标准学会标准)、ISO(国际标准)、其他预定义和自定义。用户可以根据绘图需要，任意选用某一种标准的图案。

图 3-14 "填充图案选项板"对话框

(3) "样例"列表框：用于显示选定图案的预览。

(4) "自定义图案"下拉列表框：其中列出了可用的自定义图案。

2) 角度和比例

(1) "角度"下拉列表框：用于选择所需角度，或者直接输入角度值。

(2) "比例"下拉列表框：用于选择所需比例，或者直接输入比例值。

(3) "间距"文本框：用于在选择"用户定义"填充图案类型时设置当前线型的线条间距。

(4) "ISO 笔宽"下拉列表框：在选择了"预定义"填充图案类型，同时选择了 ISO 预定义图案后，可以通过改变笔宽值来改变填充效果。

3) 图案填充原点

此选项用来控制填充图案生成的起始位置，某些图案填充(如砖块图案)需要与图案填充边界上的一点对齐。在默认情况下，所有图案填充原点都对应于当前的 UCS 原点。

4) 边界

此选项主要用于指定图案填充的边界。它包含了五个按钮，各按钮功能分别如下。

(1)【添加：拾取点】按钮：以拾取点的方式自动确定填充区域的边界。该方式要求区域必须是一个闭合区域，否则会弹出如图 3-15 所示“图案填充-边界未闭合”对话框，并指出未能填充的原因和解决方法。单击按钮时，系统自动切换到绘图窗口，同时提示“拾取内部点：”，此时在希望填充的区域内任意拾取一点，系统会自动以虚线形式显示用户选中的边界，如图 3-16 所示。

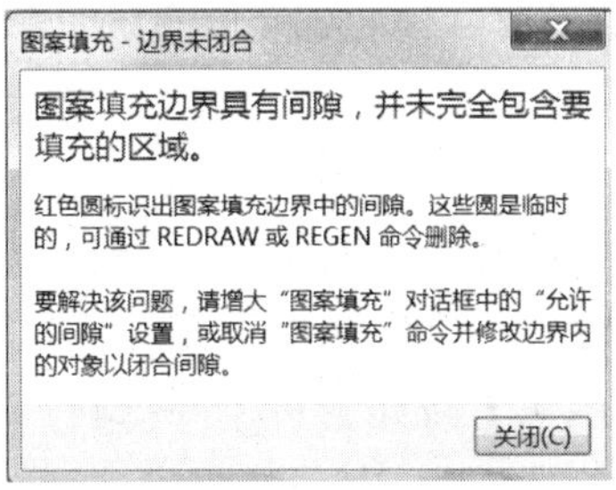

图 3-15　“图案填充-边界未闭合”对话框

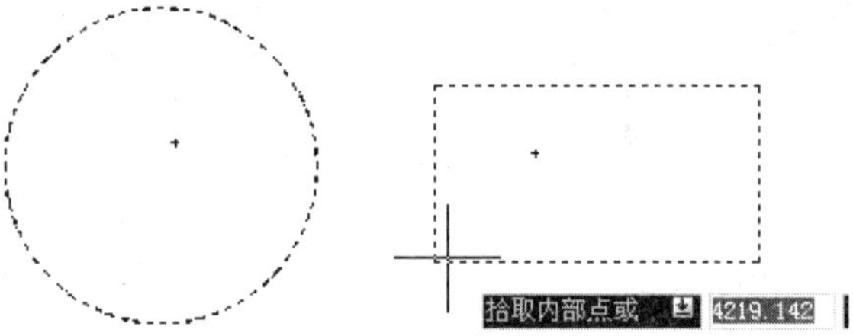

图 3-16　添加拾取点

确定完图案填充边界后，下一步就是在绘图区域内右击以显示光标菜单，如图 3-17 所示，用户可以选择“预览”命令，来预览图案填充的效果(如图 3-18 所示)，或者直接选择“确定”命令回到“图案填充”对话框。

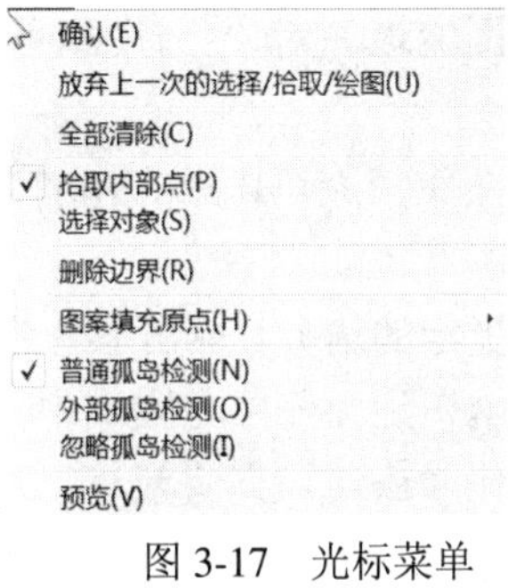

图 3-17　光标菜单

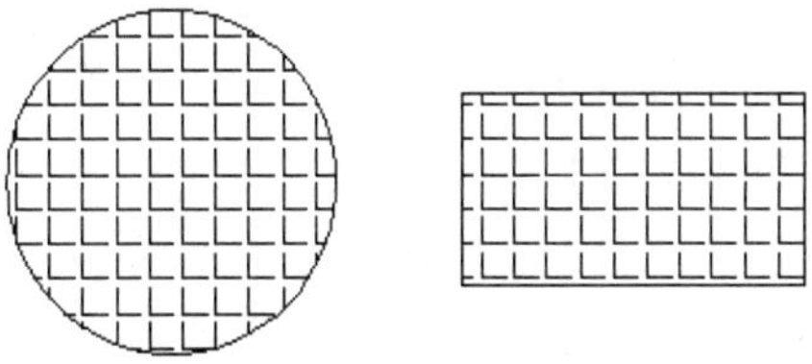

图 3-18　填充效果预览

(2)【添加：选择对象】按钮：以选取对象的方式确定图案填充的边界，该方式需要用户逐一选择图案填充的边界对象，选中的边界对象将变为虚线，如图 3-19 所示，系统不会自动检测内部对象，如图 3-20 所示。

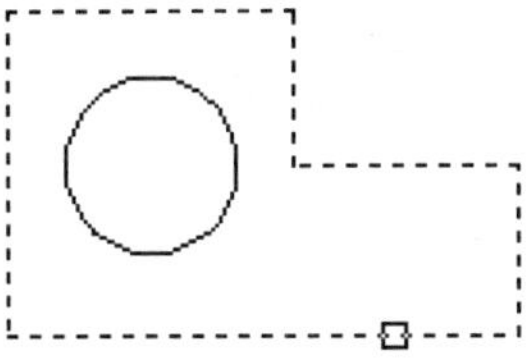

图 3-19　选中边界

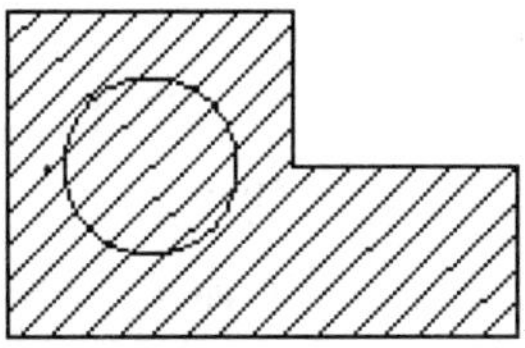

图 3-20　填充效果

(3)【删除边界】按钮　：用于从边界定义中删除以前添加的任何对象，如图 3-21 所示。

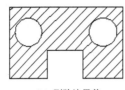
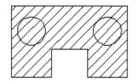

(a) 删除边界前　　　　　　　　　　　　　(b) 删除边界后

图 3-21　删除图案填充边界

(4)【重新创建边界】按钮　：围绕选定的图形边界或填充对象创建多段线或面域，并使其与图案填充对象相关联(可选)。如果未定义图案填充，则此按钮不可用。

(5)【查看选择集】按钮　：单击该按钮，系统将显示当前选择的填充边界。如果未定义边界，则此按钮不可用。

5) 选项

(1)"注释性"复选框：使用注释性图案填充可以通过符号形式表示材质(如砂子、混凝土、钢铁等)。注释性填充是按照图纸尺寸进行定义的。创建注释性填充对象首先要指定填充的对象，然后选中"注释性"复选框，单击【确定】按钮即可创建注释性填充对象。

(2)"关联"复选框：确定填充图案与边界的关系：当用于定义区域边界的对象发生移动或修改时，该区域内的填充图案将自动更新，重新填充新的边界。默认情况下，创建的图案填充区域是关联的。

(3)"创建独立的图案填充"复选框：是指填充图案与边界有没有关系，即当同时指定了几个独立的闭合边界进行填充时，是将它们创建成单个的图案填充对象，还是创建成多个图案填充对象。

(4)"绘图次序"下拉列表：为图案填充指定绘图次序，图案填充可以放在所有其他对象之后、所有其他对象之前、图案填充边界之后或图案填充边界之前。

(5)【继承特性】按钮　：用指定图案的填充特性填充到指定的边界。单击【继承特性】按钮，并选择某个已绘制的图案，系统即可将该图案的特性填充到当前填充区域中。

　说明："渐变色"填充在建筑图形中很少使用，其操作方法与"图案填充"相似，这里不再介绍。

二、编辑图案填充

如果对绘制完的填充图案不满意，可以通过"图案填充编辑"对话框随时进行修改，执行途径有以下四种：

- 单击功能区面板中的【编辑图案填充】按钮　。
- 执行菜单栏中的"修改"→"对象"→"图案填充"命令。
- 在命令行中输入命令"hatchedit ✓(回车)"。
- 双击要修改的填充图案，然后在弹出的"图案填充编辑"对话框中，对图案进行修改。

三、图案填充的分解

图案填充无论多么复杂，通常情况下都是一个整体。在一般情况下不能对其中的图线进行单独的编辑，如果需要编辑，则要采用图案填充编辑命令。但在一些特殊情况下，如标注的尺寸和填充的图案重叠，必须将部分图案打断或删除以便清晰显示尺寸，此时必须将图案分解，然后才能进行相关的操作。

用"分解"命令分解后的填充图案变成了各自独立的实体。图 3-22 显示了分解前和分解后的不同夹点。

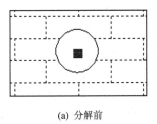

(a) 分解前   (b) 分解后

图 3-22 图案填充分解

实 训 3

实训3.1 绘制指北针

一、实训内容

利用圆和多段线命令按照制图标准绘制指北针，如图 3-23 所示。

图 3-23 指北针

二、操作提示

(1) 选择"圆"命令，绘制出一个半径为 12 的圆。

(2) 选择"多线段"命令，绘制出指针，命令行提示内容及操作步骤如下：

命令：pline

指定起点：(用鼠标单击【确定】键)

当前线宽为 0.0000

指定下一个点或[圆弧(A)/半宽(H)/长度(L)/放弃(U)/宽度(W)]: w

指定起点宽度<0,0000>: (按【Enter】键，表示设置起点宽度为 0)

指定端点宽度<0,0000>: 3(输入端点宽度为 3)

指定下一个点或[圆弧(A)/半宽(H)/长度(L)/放弃(U)/宽度(W)]:(用鼠标单击进行绘制)

实训 3.2　利用多线命令绘制墙体、窗户

一、实训内容

利用多线命令按图 3-24 的尺寸绘制房屋平面图中的墙体和窗户部分。通过本实训，要求熟练掌握"多线"命令的使用。

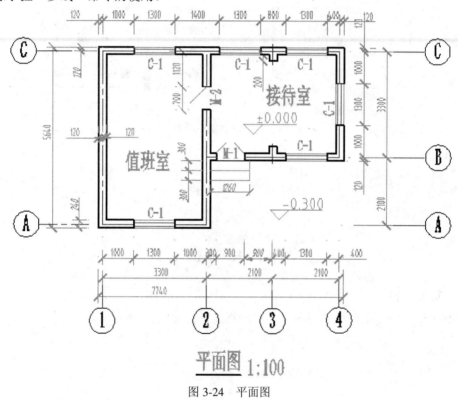

图 3-24　平面图

二、操作提示

(1) 新建图形文件。

(2) 新建"轴线"、"门窗"、"墙体"等图层。

(3) 按照图示尺寸设置多线样式。

(4) 绘制轴线。

(4) 在轴线上绘制墙体和窗户，绘制时注意比例等参数。

实训 3.3　填充图中所示的图案

一、实训内容

按照图 3-25 所示材料分别填充下面的矩形(100×50)。

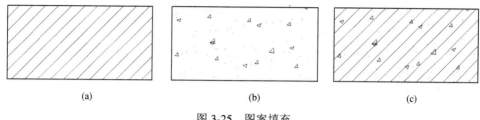

(a)　　　　　　　　　　(b)　　　　　　　　　　(c)

图 3-25　图案填充

二、操作提示

(1) 在图案选项卡中选择 ANSI→ANSI31，设置比例为 2，如图 3-25(a)所示。

(2) 在图案选项卡中选择其他预定义→AR-CONC，设置比例为 0.1，如图 3-25(b)所示。

(3) 在图案选项卡中选择 ANSI→ANSI31，设置比例为 2；在相同的区域再次填充图案 AR-CONC，设置比例为 0.1，如图 3-25(c)所示。

项目四

平面图形的编辑

AutoCAD 2010 提供了丰富的图形编辑与修改功能,利用这些功能可以提高绘图效率与质量。

常用的图形编辑命令可以在"修改"工具栏找到对应的图标按钮,如图 4-1 所示。

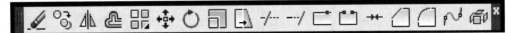

图 4-1 "修改"工具栏

任务 1 删除、移动和旋转

在绘图过程中如果发现绘制了一些多余的或者错误的图形,可以使用删除、移动、旋转和对齐等命令对图形进行必要的编辑和修改。

一、删除

删除命令是将绘图过程中画错的部分删去,是经常使用的命令。

1．执行途径

- 在"修改"工具栏或"功能区"面板中单击【删除】 ![删除图标]。
- 从"修改"下拉菜单选取"删除"命令。
- 在命令行中输入"e (erase 命令的缩写)↙(回车)"。

2．命令操作

执行命令后,命令行提示信息及操作步骤如下:

  选择对象:(选择需要删除的对象)

  选择对象:↙(回车)

二、移动

移动命令是将图形从当前位置移动到指定位置,但不改变图形的方向和大小。

1．执行途径

- 在"修改"工具栏或"功能区"面板中单击【移动】按钮✛。
- 从"修改"下拉菜单中选取"移动"命令。
- 在命令行中输入"m(move 命令的缩写)↙(回车)"。

2．命令操作

执行命令后，命令行提示信息及操作步骤如下：

选择对象：(选择需要移动的对象)

选择对象：↙ (回车)

指定基点或 [位移(D)] <位移>：(指定移动的基点)

指定第二个点或 <使用第一个点作为位移>：(指定移动的目标点)

其中各选项的含义为：

(1) 指定基点：可通过目标捕捉选择特征点。

(2) 位移(D)：确定移动终点，可输入相对坐标或通过目标捕捉来准确定位终点位置。

【例 4-1】 将图 4-2(a)矩形中的圆形移动到左上角，如图 4-2(b)所示。

(1) 执行"移动"命令。

(2) 在"选择对象"提示下，选择圆。

(3) 在"指定基点或位移"提示下，捕捉圆心为移动的基点。

(4) 在"指定第二个点或 <使用第一个点作为位移>"提示下，左键单击圆心移动到矩形左上角点后确定。

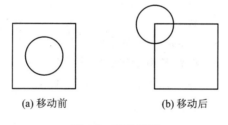

(a) 移动前　　　　　　　　(b) 移动后

图 4-2　移动图形

三、旋转

旋转命令可以将图形围绕指定的点进行旋转。

1．执行途径

- 在"修改"工具栏或"功能区"面板中单击【旋转】按钮↻。
- 从"修改"下拉菜单中选取"旋转"命令。
- 在命令行中输入"ro (rotate 命令的缩写)↙(回车)"。

2．命令操作

执行命令后，命令行提示信息及操作步骤如下：

UCS 当前的正角方向：ANGDIR=逆时针　ANGBASE=0

选择对象：(指定对角点:选择需要旋转的对象)

选择对象：✓ (回车)。

指定基点：(选择旋转基点)

指定旋转角度，或 [复制(C)/参照(R)] <0>：(指定旋转角度)

其中各选项含义为：

(1) 复制(C)：可在进行旋转图形的同时，对图形进行复制操作。

(2) 参照(R)：以参照方式旋转图形，需要依次指定参照方向的角度值和相对于参照方向的角度值。

🐾说明：旋转角度有正、负之分，输入角度是正，则图形旋转的方向是逆时针；反之则是顺时针。

【例 4-2】 对图 4-3(a)的图形进行旋转处理。

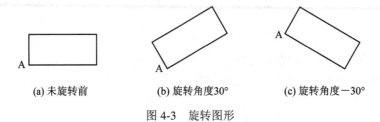

(a) 未旋转前　　　　　　(b) 旋转角度30°　　　　　　(c) 旋转角度−30°

图 4-3 旋转图形

(1) 执行"旋转"命令。

(2) 在"选择对象"提示下，选择左边的旋转基点 A。

(3) 在"指定旋转角度"提示下，输入 30°，得到图 4-2(b)；输入-30°，得到图 4-2(c)。

🐾说明：

① 有些图形编辑命令如"删除"、"复制"、"移动"等，在使用时可以先选择对象再执行命令，也可以先执行命令再根据提示选择对象。

② 使用图形编辑命令时，有时会由于错误操作修改或编辑了一些有用的图形对象，如果想回到之前，可以点击标准工具栏的【返回】按钮 ↩ (Undo)恢复前面的操作。

任务2 复制、镜像、偏移和阵列

一、复制

复制命令是指将选定对象一次或多次重复绘制。

1．执行途径

• 在"修改"工具栏或"功能区"面板中单击【复制】按钮 ✧。

• 从"修改"下拉菜单中选取"复制"命令。

• 在命令行输入"co(copy 命令的缩写)✓(回车)"。

2．命令操作

执行命令后，命令行提示信息及操作步骤如下：

选择对象：(选择要复制的图形对象)

选择对象：↙(回车)

当前设置：复制模式 = 多个

指定基点或 [位移(D)/模式(O)] <位移>: 指定第二个点或 <使用第一个点作为位移> (指定复制的基点)

指定第二个点或 [退出(E)/放弃(U)] <退出>: (指定复制的目标点)

【例4-3】　复制图形，将图4-4(a)左上角的圆复制到其他三个目标点上。

(1) 执行"复制"命令。

(2) 在"选择对象"提示下，选择圆。

(3) 在"指定基点或位移"提示下，选取圆心为复制基点。

(4) 在"指定第二个点"提示下，确定其余三个目标点为复制图形的圆心终点位置。

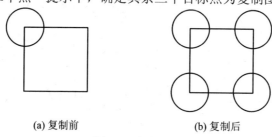

(a) 复制前　　　　　　　　　　(b) 复制后

图 4-4　复制对象

二、镜像

镜像命令是指在复制对象的同时将其沿指定的镜像线进行翻转处理。如在绘制对称的图形时，我们只需要绘制其中一侧，另一侧通过镜像命令获得。

1. 执行途径

- 在"修改"工具栏或"功能区"面板中单击【镜像】按钮△。
- 从"修改"下拉菜单中选取"镜像"命令。
- 在命令行中输入"mi (mirror 命令的缩写)↙(回车)"。

2. 命令操作

执行命令后，命令行提示信息及操作步骤如下：

选择对象：(选择需要镜像的图形对象)

选择对象：↙(回车)

指定镜像线的第一点：(确定镜像线的起点位置)

指定镜像线的第二点：(确定镜像线的终点位置)

要删除源对象吗？[是(Y)/否(N)] <N>: (选择是否保留原有的图形对象)

【例4-4】　镜像复制图形，如图 4-5(a)。

(1) 执行"镜像"命令。

(2) 在"选择对象"提示下，选择要镜像的图形。

(3) 在"指定镜像第一点"提示下，点击直线上端点 A。

(4) 在"指定镜像第二点提示下"：点击直线下端点 B。

(5) 在"是否删除源对象[Yes/No]提示下"选择 Yes，得到图 4-5(b)；选择 No，得到图 4-5(c)。

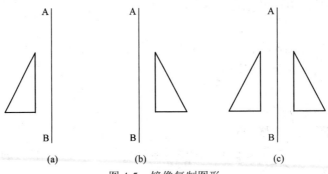

图 4-5　镜像复制图形

三、偏移

偏移命令是对已有对象进行平行(如线段)或同心(如圆)复制。

1. 执行途径

- 在"修改"工具栏或"功能区"面板中单击【偏移】按钮 。
- 从"修改"下拉菜单中选取"偏移"命令。
- 在命令行中输入"offset ↙(回车)"。

2. 命令操作

执行命令后，命令行提示信息及操作步骤如下：

　　　　当前设置：删除源=否　图层=源　OFFSETGAPTYPE=0

　　　　指定偏移距离或 [通过(T)/删除(E)/图层(L)] <通过>：(输入偏移量。可以直接输入一个数值或通过两点的距离来确定偏移量)

　　　　选择要偏移的对象，或 [退出(E)/放弃(U)] <退出>：↙(回车)

　　　　指定要偏移的那一侧上的点，或 [退出(E)/多个(M)/放弃(U)] <退出>：(确定偏移后的对象位于原对象的哪一侧(用鼠标左键单击即可))

　　　说明：偏移命令与其他编辑命令有所不同，只能用直接拾取的方式一次选择一个对象进行偏移，不能偏移点、图块、属性和文本。

【例 4-5】　将直线按指定距离偏移复制，如图 4-6 所示。

图 4-6　偏移复制图形

(1) 画一条长为 100 个单位的直线。

(2) 执行"偏移"命令。

(3) 在"指定偏移距离或 [通过(T)/删除(E)/图层(L)] <通过>:"提示下，输入偏移距离20。

(4) 选择要偏移的线段。

(5) 在原线段下方单击左键。

(6) 再次选择偏移对象(刚偏移的这条直线)，左键单击确定在该线段下方。(重复偏移两次)

(7) 连接第一条线段与最后一条线段的左端点。

(8) 用指定偏移距离方式(用鼠标指定线段的左右两个端点)偏移这条竖直线段到原线段右边，完成作图。

四、阵列

阵列命令可以快速复制出与已有图形相同且按一定规律分布的多个图形对象。阵列命令包括环形和矩形阵列两种方式。

1．执行途径

- 在"修改"工具栏或"功能区"面板中单击【阵列】按钮 ▦ 。
- 从"修改"下拉菜单中选取"阵列"命令。
- 在命令行中输入"ar (array 命令的缩写) ↙(回车)"。

2．命令操作

执行命令后，显示"阵列"对话框，如图 4-7 所示。

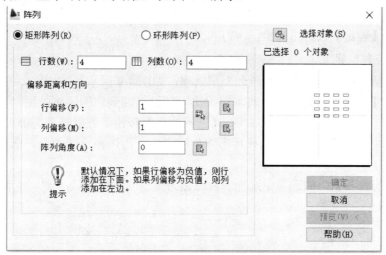

图 4-7　矩形"阵列"对话框

1) 矩形阵列步骤

(1) 在对话框中，选择"矩形阵列"单选项，如图 4-7 所示，可以以矩形阵列方式复制对象。

(2) 单击【选择对象】按钮，将临时退出对话框，回到作图区域，用户可以选择要执行矩形阵列操作的图形，确定后回车或单击右键，【选择对象】按钮的下方将显示选中目标的个数。

(3) 在"行数"文本框中输入矩形阵列的行数。

(4) 在"列数"文本框中输入矩形阵列的列数。

(5) 在"偏移距离和方向"中输入距离和阵列角度,也可以用鼠标点击选取。

说明:行间距和列间距有正负之分,间距为正值时,向上阵列;间距为负值时,向下阵列;列间距为正时,向右阵列;列间距为负时,向左阵列。

【**例 4-6**】 使用阵列命令将例 4-5 的图形矩形阵列设为 2 行、3 列,如图 4-8 所示。

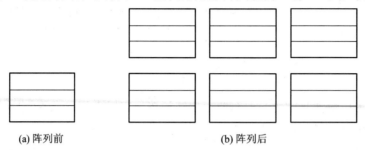

(a) 阵列前   (b) 阵列后

图 4-8 矩形阵列

(1) 执行"阵列"命令。

(2) 在对话框提示下选择矩形阵列。

(3) 选择对象为矩形,回车或右键点击【确定】键。

(4) 输入行数 2,列数 3。

(5) 行偏移为 100;列偏移为 150。

(6) 阵列角度为 0。

(7) 点击【确定】按钮完成操作,得到图 4-8(b)。

2) 环形阵列步骤

(1) 在对话框中,选择"环形阵列"单选项,如图 4-9 所示。

(2) 单击【选择对象】按钮,将临时退出对话框,回到作图区域,用户可以选择要环形阵列的图形,确定后回车或单击右键,【选择对象】按钮下方将显示选中目标的个数。

(3) 在"中心点"的选项中选择环形阵列的中心。需选择旋转中心,选物体本身中心无效。

(4) 在"方法和值"的选项中选择项目总数为需要阵列的数目,输入环形阵列的角度。

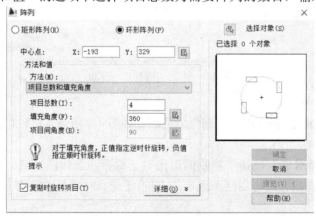

图 4-9 环形"阵列"对话框

说明：环形阵列时，输入的角度为正值，沿逆时针方向旋转；反之沿顺时针方向旋转。环形阵列的复制份数也包括原始图形对象在内。

【例 4-7】　用环形阵列命令将圆阵列 5 个，如图 4-10 所示。

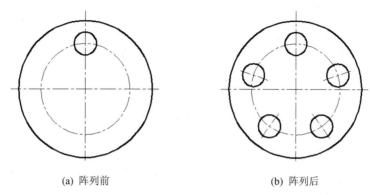

(a) 阵列前　　　　　　　　(b) 阵列后

图 4-10　环形阵列

(1) 执行"阵列"命令。

(2) 在对话框提示下选择环形阵列。

(3) 选择对象为小圆和轴线，回车或右键点击【确定】键。

(4) 选择中心点为大圆的圆心。

(5) 项目总数为 5。

(6) 填充角度为 360°。

(7) 点击【确定】按钮完成操作，修改轴线的长度后如图 4-10(b)所示。

任务3　拉伸和缩放

一、拉伸

拉伸命令可以将图形对象按指定的方向和角度进行拉伸和移动对象。在选择拉伸对象时，必须用交叉窗口或交叉多边形方式来选择需要拉长和缩短的对象。

1. 执行途径

• 在"修改"工具栏或"功能区"面板中单击【拉伸】按钮 。

• 从"修改"下拉菜单中选取"拉伸"命令。

• 在命令行中输入"stretch （回车)"。

2. 命令操作

执行命令后，命令行提示信息及操作步骤如下：

　　　　以交叉窗口或交叉多边形方式选择要拉伸的对象。

　　　　选择对象：(以窗交方式选择对象)

选择对象：✓(回车)

指定基点或 [位移(D)] <位移>：(选择拉伸的基点)

指定第二个点或 <使用第一个点作为位移>：(单击定位或输入拉伸位移点的坐标)

【例 4-8】 用拉伸命令将图 4-11(a)向左拉伸 30 个单位，如图 4-11(b)所示。

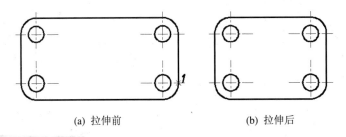

(a) 拉伸前   (b) 拉伸后

图 4-11 图形的拉伸

(1) 执行"拉伸"命令。

(2) 在"选择对象"提示下，以窗交方式选择左图。

(3) 在"指定基点或 [位移(D)] <位移>："提示下，指定第一点。

(4) 在"指定第二个点或 <使用第一个点作为位移>："提示下，鼠标向左移输入 30。

(5) 完成操作，得如图 4-11(b)所示图形。

🐛说明：拉伸命令只能拉伸由直线、圆弧、椭圆弧、多段线等命令绘制的带有端点的图形对象。在拉伸图形对象时应使该对象的一个端点在交叉窗口之外，另一个端点在交叉窗口之内。如果图形对象的两个端点都在交叉窗口之内，图形将被移动。

二、缩放

缩放命令可以改变所选的一个或多个对象的大小，即在 X、Y 和 Z 方向上等比例放大或缩小对象。

1. 执行途径

• 在"修改"工具栏或"功能区"面板中单击【缩放】按钮 🔲。

• 从"修改"下拉菜单中选取"缩放"命令。

• 在命令行中输入"sc(scale 命令的缩写)✓(回车)"。

2. 命令操作

执行命令后，命令行提示信息及操作步骤如下：

选择对象：(选择要缩放的对象)

选择对象：✓(回车)

指定基点：(指定缩放基点)

指定比例因子或 [复制(C)/参照(R)]：(直接给出比例因子，即缩放倍数，如果输入"c"进行复制，那么首先复制图形，然后再缩放；如果输入"r"参照选项，需要依次输入或指定参照长度的值和新的长度值，系统根据"参照长度与新长度的比值"自动计算比例因子来缩放对象)

🐌说明：比例因子大于 1 时，图形放大；比例因子小于 1 时，图形缩小。

【例4-9】　用缩放命令的参照方式绘制左图，如图4-12(a)所示。

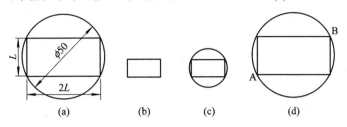

图4-12　图形的缩放

(1) 执行"矩形"命令。

(2) 绘制矩形，如图4-12(b)所示(长度任意，但长短边比例为2:1)。

(3) 用两点方式绘制圆，如图4-12(c)所示。

(4) 执行"缩放"命令，选择要缩放的对象并指定圆心为基点。

(5) 在"指定比例因子或 [复制(C)/参照(R)]:"提示下，输入 R↙(回车)

(6) 在"指定参照长度:"提示下，用鼠标点取 A 和 B。

(7) 在"指定新的长度或 [点(P)]:"提示下，输入 50。

(5) 完成操作，得如图4-12(d)所示图形。

任务4　延伸、修剪图形

一、延伸

延伸命令可以将直线、圆弧和多段线等对象延伸到指定的边界。

1．执行途径

• 在"修改"工具栏或"功能区"面板中单击【延伸】按钮 --/。

• 从"修改"下拉菜单中选取"延伸"命令。

• 在命令行中输入"ex "(extend 命令的缩写) ↙(回车)"。

2．命令操作

执行命令后，命令行提示信息及操作步骤如下：

当前设置：投影=UCS，边=无

选择边界的边…：(选择延伸边界，按【回车】键结束选择)

选择对象或 <全部选择>：(找到 1 个)

选择对象：↙(回车)

选择要延伸的对象，或按住【Shift】键选择要修剪的对象，或在"[栏选(F)/窗交(C)/投影(P)/边(E)/放弃(U)]:"提示下选择需要延伸的对象，按【回车】键结束选择。

其中各选项含义为：

(1) 栏选(F)：该选项用于选择与选择栏相交的所有对象。

(2) 窗交(C)：该选项用于以右框选的方式选择延伸的对象。

(3) 投影(P)：该选项用于指定延伸对象时使用的投影方式，在三维绘图时才会用到该选项。

(4) 边(E)：该选项用于将对象延伸到另一个对象的隐含边，或仅延伸到三维空间中与其实际相交的对象，在三维绘图时才会用到该选项。

(5) 放弃(U)：该选项用于取消上一次的延伸操作。

【例4-10】 用延伸命令将直线向下延伸到边界，如图4-12所示。

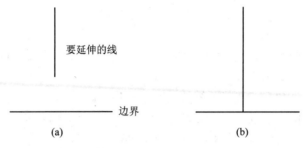

图 4-13 延伸图形

(1) 执行"拉伸"命令。

(2) 在"选择边界的边…："提示下，选择下边直线，按【回车】键结束选择。

(3) 在"选择要延伸的对象："提示下，选取要延伸的直线下端点。

(4) 完成操作，如图4-13(b)所示。

二、修剪

修剪命令可以将图形对象在指定边界外的部分修剪掉。

1. 执行途径

• 在"修改"工具栏或"功能区"面板中单击【修剪】按钮 -/--。

• 从"修改"下拉菜单中选取"修剪"命令。

• 在命令行中输入"Tr(trim命令的缩写) ✓(回车)"。

2. 命令操作

执行命令后，命令行提示信息及操作步骤如下：

> 当前设置：投影=UCS，边=无
>
> 选择剪切边…：(修剪必须在两条线相交的情况下使用)
>
> 选择对象或 <全部选择>：(选择指定的边界)
>
> 选择对象：✓(回车)
>
> 选择要修剪的对象，或按住【Shift】键选择要延伸的对象，或[栏选(F)/窗交(C)/投影(P)/边(E)/删除(R)/放弃(U)]：(选择要修剪的对象)

其中各选项含义如下：

(1) 全部选择：使用该选项将选择所有可见图形对象作为剪切边界。

(2) 栏选(F)：该选项用于选择与选择栏相交的所有对象。

(3) 窗交(C)：该选项用于以右框选的方式选择要剪切的对象。

(4) 投影(P)：该选项用于指定剪切对象时使用的投影方式，在三维绘图时才会用到该选项。

(5) 边(E)：该选项用于确定是在另一对象的隐含边处修剪对象，还是仅修剪对象到与在三维空间中相交的对象处，在三维绘图时才会用到该选项。

(6) 删除(R)：该选项用于从已选择的图形对象中删除某个对象。此选项提供了一种用来删除不需要的对象的简便方式，而无需退出"trim"命令。

(7) 放弃(U)：取消上一次的修剪操作。

【例 4-11】 用修剪命令将图 4-14(a)修剪成如图 4-14(b)所示的图形。

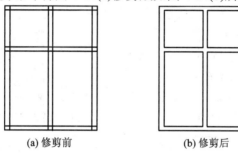

(a) 修剪前   (b) 修剪后

图 4-14 修剪图形

(1) 执行"修剪"命令。

(2) 在"选择边界的边…:"提示下，按【回车】键可以快速全部选择。

(3) 在"选择要修剪的对象:"提示下，选取要修剪的对象。

(4) 完成操作，得到图 4-14(b)。

任务5 倒角和圆角

一、倒角

倒角命令可以为两条不平行的直线或多段线作出指定的倒角。

1. 执行途径

• 在"修改"工具栏或"功能区"面板中单击【倒角】按钮 。
• 从"修改"下拉菜单中选取"倒角"命令。
• 在命令行中输入"cha(chamfer 命令的缩写)↙(回车)"。

2. 命令操作

执行命令后，命令行提示信息及操作步骤如下：

   ("修剪"模式) 当前倒角距离 1 = 0.0000，距离 2 = 0.0000

   选择第一条直线或 [放弃(U)/多段线(P)/距离(D)/角度(A)/修剪(T)/方式(E)/多个(M)]: d

   指定第一个倒角距离 <0.0000>: 2(输入第一个倒角的距离)

指定第二个倒角距离 <2.0000>:(输入第二个倒角的距离。如果直接按【回车】键，表示第二个倒角距离为默认的2)

选择第一条直线或 [放弃(U)/多段线(P)/距离(D)/角度(A)/修剪(T)/方式(E)/多个(M)]: (点击要倒角的第一条直线)

其中各选项含义如下：

(1) 放弃(U)：该选项用于放弃刚才所进行的操作。

(2) 多段线(P)选项：该选项用于以当前设置的倒角大小对多段线的各顶点(交角)修倒角。

(3) 距离(D)选项：该选项用于设置倒角时的距离。

(4) 角度(A)选项：该选项用于设置倒角的距离和角度。

(5) 修剪(T)选项：该选项用于确定倒角后是否保留原边。其中，选择"修剪(T)"选项，表示倒角后对倒角边进行修剪；选择"不修剪(N)"选项，表示不进行修剪。

(6) 方式(E)：该选项用于确定倒角方式。

(7) 多个(M)：该选项用于在不结束命令的情况下对多个对象进行对象操作。

选择第二条直线，或按住【Shift】键选择要应用角点的直线：(点击要倒角的第二条直线)

【例4-12】 用倒角命令倒出水平距离为5，垂直距离为10的斜角，如图4-15所示。

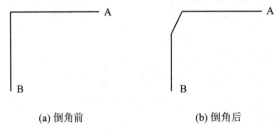

(a) 倒角前   (b) 倒角后

图 4-15 对图形倒角

(1) 执行"倒角"命令。

(2) 设置如下：

当前倒角距离 1 = 0.0000，距离 2 = 0.0000

在"选择第一条直线或 [放弃(U)/多段线(P)/距离(D)/角度(A)/修剪(T)/方式(E)/多个(M)]:"提示下，输入 D。

在"指定第一个倒角距离<0.0000>："提示下，输入 5。

在"指定第二个倒角距离<5.0000>："提示下，输入 10。

在"选择第一条直线或[放弃(U)/多段线(P)/距离(D)/角度(A)/修剪(T)/方式(E)/多个(M)]:"提示下，选择直线 A。

在"选择第二条直线，或按住 Shift 键选择要应用角点的直线:"提示下，选择直线 B。

(3) 完成操作，如图4-15(b)所示。

二、倒圆角

圆角命令可以用一个指定半径的圆弧光滑地连接两个对象。

1. 执行途径

• 在"修改"工具栏或"功能区"面板中单击【倒圆角】按钮。

● 从"修改"下拉菜单中选取"倒圆角"命令。

● 在命令行输入"fillet ∠(回车)"。

2．命令操作

执行命令后，命令行提示信息及操作步骤如下：

当前设置: 模式=修剪，半径=0.0000

选择第一个对象或 [放弃(U)/多段线(P)/半径(R)/修剪(T)/多个(M)]: (选择要进行倒圆角操作的第一个对象)

其中各选项含义如下：

(1) 放弃(U)：该选项用于撤销上一次的圆角操作。

(2) 多段线(P)：该选项用于以当前设置的圆角半径大小对多段线的各顶点(交角)加圆角。

(3) 半径(R)：该选项用于按照指定半径大小把已知对象光滑地连接起来。

(4) 修剪(T)：该选项用于设置圆角后是否保留原拐角边。选择"修剪(T)"选项，表示加圆角后不保留原对象，对倒圆角边进行修剪；选择"不修剪(N)"选项，表示保留原对象，不进行修剪。

(5) 多个(M)：该选项用于在不结束命令的情况下对多个对象进行操作。

选择第二个对象，或按住【Shift】键选择要应用角点的对象: (选择要进行倒圆角操作的第二个对象)

【例4-13】 用倒圆角命令倒出半径为 10 的圆角，如图 4-16 所示。

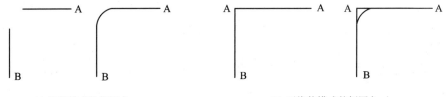

(a) 修剪模式的倒圆角　　　　　　　　(b) 不修剪模式的倒圆角

图 4-16　对图形倒圆角

(1) 执行"倒圆角"命令。

(2) 修剪模式的倒圆角设置如下：

当前设置: 模式=修剪，半径=0.0000

在"选择第一个对象或 [放弃(U)/多段线(P)/半径(R)/修剪(T)/多个(M)]:"提示下，输入 r。

在"指定圆角半径 <0.0000>: "提示下，输入 10。

在"选择第一个对象或 [放弃(U)/多段线(P)/半径(R)/修剪(T)/多个(M)]:"提示下，选直线 A。

在"选择第二个对象，或按住【Shift】键选择要应用角点的对象: "提示下，选直线 B。

(3) 不修剪模式的倒圆角设置如下：

当前设置: 模式=修剪，半径=10.0000

在"选择第一个对象或 [放弃(U)/多段线(P)/半径(R)/修剪(T)/多个(M)]:"提示下，输入 t。

在"输入修剪模式选项 [修剪(T)/不修剪(N)] <修剪>:"提示下，输入 n。

在"选择第一个对象或 [放弃(U)/多段线(P)/半径(R)/修剪(T)/多个(M)]:"提示下，选直线 A。

在"选择第二个对象，或按住 Shift 键选择要应用角点的对象:"提示下，选直线 B。

(4) 完成操作，如图 4-16(b)所示。

任务6 打断、合并和分解

一、打断

打断命令可以将直线、多段线、射线、样条曲线、圆和圆弧等图形分成两个对象或删除对象中的一部分。打断于点命令是打断的特殊情况。

1. 执行途径

- 在"修改"工具栏或"功能区"面板中单击【打断】按钮□。
- 从"修改"下拉菜单中选取"打断"命令。
- 在命令行中输入"br(break 命令的缩写)↙(回车)"。

2. 命令操作

执行命令后，命令行提示信息及操作步骤如下:

选择对象:(点取要断开的对象)

指定第二个打断点或[第一点(F)]:(直接点取所选对象上的一点，则 CAD 将选择对象时的点取点作为第一点，该输入点为第二点。如输入"f"将重新定义第一点)

🐚说明:

① 如果断开的对象是圆弧，则 CAD 将按逆时针方向删除圆上第一个打断点到第二个打断点之间的部分，从而将圆转换成圆弧。

② 使用打断于点命令□时，可以将图形对象在选择点处直接打断，只需要选择一点即可，打断后的图形表面上看起来并未断开。

【例 4-14】 使用打断命令修改图 4-17(a)，结果如图 4-17(b)所示。

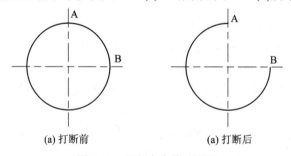

(a) 打断前   (a) 打断后

图 4-17 打断命令修改图形

(1) 执行"打断"命令。

(2) 将圆转换成圆弧。

在"选择对象:"提示下，选择圆。

在"指定第二个打断点 或 [第一点(F)]:"提示下，输入 f。

在"指定第一个打断点:"提示下,选点 B。

在"指定第二个打断点:"提示下,选点 A。

二、合并

合并命令可以将对象合并,以形成一个完整的对象。

1. 执行途径

- 在"修改"工具栏或"功能区"面板中单击【合并】按钮 ⚓。
- 从"修改"下拉菜单中选取"合并"命令。
- 在命令行中输入"join✓(回车)"。

2. 命令操作

执行命令后,命令行提示信息及操作步骤如下:

> 选择源对象:
>
> 期望直线、开放的多段线、圆弧、椭圆弧或开放的样条曲线。选择受支持的对象:
>
> 选择要合并到源的对象:(找到 1 个)
>
> 选择要合并到源的对象:✓(回车)

三、分解

使用分解命令可以将由多个对象组合的图形(如多段线、矩形、多边形和图块等)进行分解。

1. 执行途径

- 在"修改"工具栏或功能区面板中单击【分解】按钮 🔲。
- 从"修改"下拉菜单中选取"分解"命令。
- 在命令行中输入"explode 或 x✓(回车)。

2. 命令操作

执行命令后,命令行提示信息及操作步骤如下:

> 选择对象:(选择要分解的对象)
>
> 选择对象:✓(回车)

👜说明:分解命令可将多线段、矩形、正多边形、图块、剖面线、尺寸、多行文字等包含多项内容的一个对象分解成若干个独立的对象。当只需编辑这些对象中的一部分时,可先选择该命令分解对象。

任务 7 使用夹点编辑对象

在不输入任何命令的状态下,直接选择对象,即会出现选择对象呈虚线显示的状态,被选择对象上出现小方块,这些小方块是一些特征控制点,称为夹点。AutoCAD 2010 的夹点功能是一种方便灵活的编辑功能，拖动这些夹点可以实现对象的移动、复制、缩放、旋转、拉伸、镜像等操作。

直接选择对象后，被拾取的对象上首先将显示蓝色夹点标记，称为"冷夹点"，各种对象夹点显示的位置不同，如图 4-18 所示。

图 4-18　冷夹点

如果再次单击对象的某个"冷夹点"，则变为红色，称为"暖夹点"。

当出现"暖夹点"时，命令行就会出现如下提示：

　　拉伸

　　指定拉伸点或[基点(B)/复制(C)/放弃(U)/退出(X)]：

在这个提示下连续回车或按空格，提示依次循环显示：

　　移动

　　指定移动点或[基点(B)/复制(C)/放弃(U)/退出(X)]：

　　旋转

　　指定旋转角度或[基点(B)/复制(C)/放弃(U)/参照(R)/退出(X)]：

　　比例缩放

　　指定比例因子或[基点(B)/复制(C)/放弃(U)/参照(R)/退出(X)]：

　　镜像

　　指定第二点或[基点(B)/复制(C)/放弃(U)/退出(X)]：

通常情况下，人们利用夹点可以快速实现对象的拉伸、移动和旋转。如图 4-19 所示，利用夹点功能快速实现了拉伸。

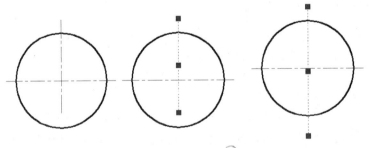

图 4-19　利用夹点快速实现拉伸

夹点编辑命令完成后，我们可以按【Esc】键、【Enter】键或【空格】键退出操作。

任务 8　图形对象的信息查询

查询图形对象信息的方法很多，如图 4-20 所示，比如在选择对象后利用右键快捷菜单中的"特性"和"快捷特性"功能，或者利用"工具"菜单中的"查询"下的子菜单以及"查询"工具栏等方法对图形对象的距离、半径、角度、面积、体积和质量特性等进行查询。

右键快捷菜单

查询菜单

查询工具栏

图 4-19　查询的几种途径

实 训 4

实训 4.1　绘制平面图形

一、实训内容

用 1：1 的比例绘制如图 4-21 所示平面图形。通过本次实训，主要熟悉"矩形"、"圆"命令的几种方式以及"修剪"、"偏移"、"阵列"命令的操作。

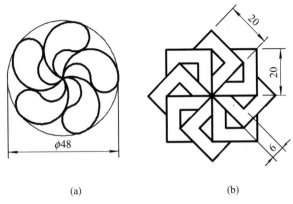

(a) (b)

图 4-21 平面图形

二、操作提示

(1) 先用圆命令的不同方式绘制四个圆，然后修剪出一个花瓣，最后用环形阵列命令阵列出 5 个花瓣，效果如图 4-21(a)所示。具体绘制步骤如图 4-22 所示。

图 4-22 图 4-21(a)绘制步骤

(2) 用矩形命令绘制一个 20×20 的大矩形，然后向内偏移 6 个单位得到一个小矩形，用直线连接对角线，修剪后再环形阵列 8 个，最后再一次修剪，效果如图 4-21(b)所示。具体绘制步骤如图 4-23 所示。

图 4-23 图 4-21(b)绘制步骤

实训 4.2 绘制联通标识平面图形

一、实训内容

用 1∶1 的比例绘制如图 4-24 所示平面图形。通过本次实训，主要熟悉"极坐标"、"对象捕捉"、"镜像"以及"修剪"命令的操作。

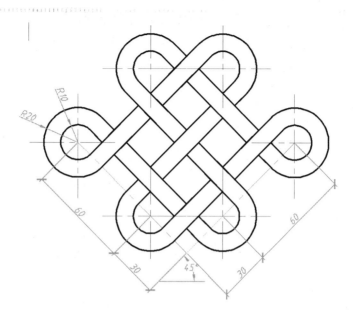

图 4-24　联通标识

二、操作提示

根据图形所给尺寸,先绘制 R10 和 R20 两个圆,再用极坐标形式分别绘制 60(@60<-45) 和 30(@30<-45)两条直线,复制 R10 和 R20 两个圆到图中位置,通过二次镜像得到全部圆,调出"对象捕捉"工具栏,用"直线"命令利用"对象捕捉"工具栏中的【捕捉到切点】绘制图中所有直线,最后剪切,如图 4-25 所示。

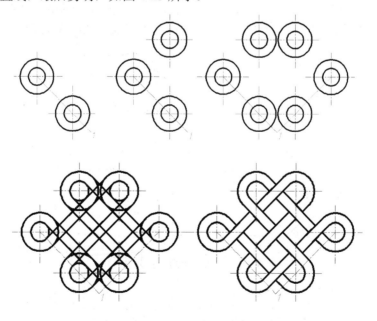

图 4-25　联通标识绘制步骤

实训 4.3 绘制蹲便器平面图形

一、实训内容

用 1：5 的比例绘制如图 4-26 所示蹲便器平面图形。通过本次实训，主要熟悉"缩放"、"镜像"、"修剪"以及"对象捕捉"命令的操作。

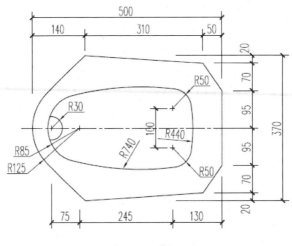

图 4-26 蹲便器

二、操作提示

根据图形所给尺寸，先绘制圆的部分，用直角坐标形式绘制轴线上的直线，调出"对象捕捉"工具栏，用"直线"命令利用"对象捕捉"工具栏中的【捕捉到切点】绘制图中直线，镜像得到下面部分，然后剪切，最后用比例缩放，具体绘制步骤如图 4-27 所示。

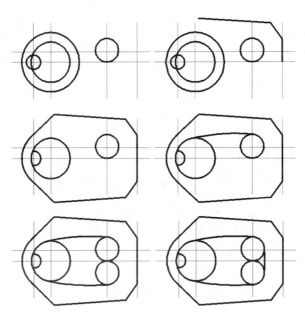

图 4-27 蹲便器绘制步骤

实训 4.4 绘制立交桥平面图形

一、实训内容

用 1:1 的比例绘制如图 4-28 所示立交桥平面图形。通过本次实训，主要熟悉"镜像"、"修剪"、"打断"以及"对象捕捉"命令的操作。

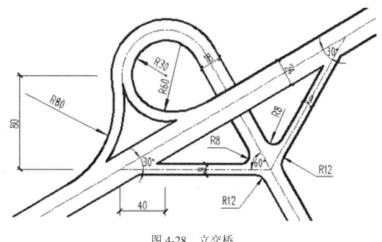

图 4-28 立交桥

二、操作提示

根据图形所给尺寸，绘制步骤如图 4-29 所示。

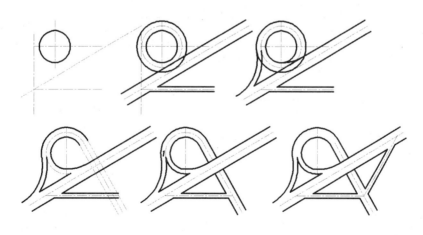

图 4-29 立交桥绘制步骤

实训 4.5 绘 制 三 视 图

一、实训内容

用 1:1 的比例绘制如图 4-30 所示形体的左视图。通过本次实训，主要学习三视图的绘制方法和步骤。

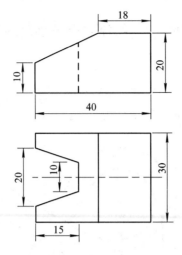

图 4-30 补绘左视图

二、操作提示

方法一：像手工绘图一样先绘制辅助线再补视图，如图 4-31 所示。

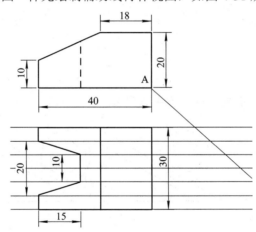

图 4-31 绘制辅助线

(1) 先绘制已有视图。

(2) 用构造线命令绘制辅助线。

命令：xline

指定点或 [水平(H)/垂直(V)/角度(A)/二等分(B)/偏移(O)]: a

输入构造线的角度(O)或[参照(R)]: −45

指定通过点:鼠标指定 A 点(主视图右下角点)

指定通过点: (回车)

命令：xline

指定点或 [水平(H)/垂直(V)/角度(A)/二等分(B)/偏移(O)]: h

指定通过点: (通过俯视图各点画水平线)

命令：trim

当前设置:投影=UCS，边=无

选择剪切边...

选择对象或 <全部选择>: (剪掉 A 点左边，如图 4-31 所示)

(3) 打开极轴、对象捕捉和对象追踪绘制左视图。

方法二：用复制结合旋转命令绘制，如图 4-32 所示。

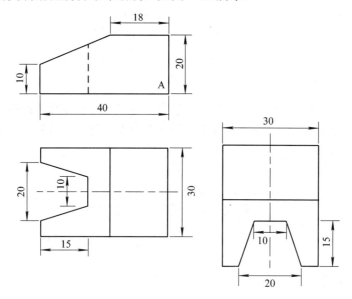

图 4-32　复制结合旋转命令绘制三视图

项目五

文 字 与 表 格

在 AutoCAD 2010 图纸中，除了图形信息外，还有一些重要的非图形信息，如工程图中的设计说明、"标题栏"、"会签栏"以及"材料明细表"等有关信息，这些信息要通过文字和表格的方式来表达。

任务1 文 字

一、设置文字样式

工程图样中的所有文字都具有与之相关联的文字样式。输入文字时，默认使用当前的文字样式为"Standard"，用户可以重新设置字体、字号、倾斜角度、方向和其他文字特征等。

1. 执行途径

- 在"样式"工具栏或"功能区"面板中单击【文字样式】按钮 ，。
- 从"格式"下拉菜单中选取"文字样式"命令。
- 在命令行中输入"style ∠(回车)"。

2. 命令操作：

执行命令后，显示"文字样式"对话框，如图 5-1 所示。

"文字样式"对话框中常用选项含义如下：

(1) 当前文字样式：该选项用于列出当前文字样式，默认为"Standard"。

(2) 样式：该选项用于显示图形中已定义的样式。双击"样式"列表中的某一文字样式，可以将其置为当前样式。下面预览区显示指定样式的文字样例。

(3) 字体名：该选项用于选择字体。按照国家标准规定，工程制图中的汉字应为仿宋体。

(4) 注释性：该选项用于创建注释性文字。

(5) 高度：该选项用于设定文字的高度。如果默认文字的高度为 0，则在使用单行文字命令输入文字时，命令行将显示"指定高度"，要求重新指定文字的高度。如果在"高度"文本框中输入了文字高度，则系统将按此高度输入文字，而不再提示指定高度。

图 5-1　"文字样式"对话框

(6) 效果：该选项用于设置字体的特性。选择"颠倒"，文字将上下颠倒显示；选择"反向"，文字将左右颠倒显示；选择"垂直"，文字将垂直排列显示。

(7) 宽度因子：该选项用于设置文字的宽度和高度之比。输入小于 1.0 的值时文字将变窄；输入大于 1.0 的值时文字将变宽。

(8) 倾斜角度：该选项用于设置文字的倾斜角。

(9) 置为当前：该选项用于将选定的文字样式置为当前。

(10) 新建：该选项用于显示"新建文字样式"对话框，定义新的文字样式名。

(11) 删除：该选项用于删除未使用的文字样式。

设置完文字样式后，单击【应用】→【置为当前】按钮，即可使用当前文字样式注写文字。

【例 5-1】　创建"汉字"和"数字和字母"两种文字样式。

(1) 执行"文字样式"命令。

(2) "汉字"样式的创建：单击【新建】按钮，弹出"新建文字样式"对话框，如图 5-2 所示。在"样式名"文本框中输入"汉字"，单击【确定】按钮，返回"文字样式"对话框。

图 5-2　"新建文字样式"对话框

在"字体名"下拉列表中选择"T 仿宋"字体(注意：不要选成"T@仿宋"字体)；在"宽度因子"文本框中设置宽度比例值为"0.67000"，其他使用默认值，如图 5-3 所示。设置完成后，单击【应用】按钮，完成创建。

图 5-3　汉字的"文字样式"对话框

（3）"数字和字母"样式的创建：单击【新建】按钮，弹出"新建文字样式"对话框，输入"数字和字母"文字样式名，单击【确定】按钮，返回到"文字样式"对话框。

在"字体"下拉列表中选择"⚙ gbeitc.shx 字体"；"宽度因子"值为"1.0000"；其他使用默认值，如图 5-4 所示。

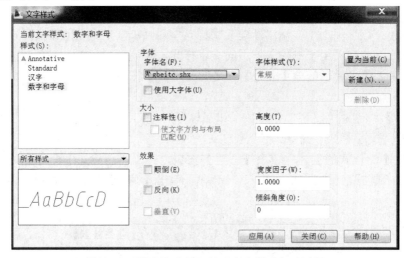

图 5-4　"数字和字母"的"文字样式"对话框

设置完成后，单击【应用】按钮，关闭对话框，完成创建。

二、文字的创建与编辑

（一）创建单行文字

1. 执行途径

- 单击功能区上的【单行文字】按钮 **A|**。

- 从"绘图"下拉菜单中选取"文字"→"单行文字"命令。
- 在命令行中输入"dtext"或"text ✓(回车)"。

2. 命令操作

执行命令后，命令行提示信息及操作步骤如下：

  当前文字样式："Standard" 文字高度: 2.5000 注释性: 否

  指定文字的起点或 [对正(J)/样式(S)]: (指定书写文字的起点)

其中各选项含义如下：

(1) 对正(J)：该选项用于设置单行文字的对齐方式。选择该选项后，命令行提示"[对齐(A)/调整(F)/中心(C)/中间(M)/右(R)/左上(TL)/中上(TC)/右上(TR)/左中(ML)/正中(MC)/右中(MR)/左下(BL)/中下(BC)/右下(BR)]: "，选择对齐方式。

(2) 样式(S)：如果创建了多个文字样式，在选择该选项后可以选择要使用的文字样式。

  指定高度 <2.5000>: (输入文字新的高度值)

  指定文字的旋转角度 <0>: (按【回车】键，表示文字不旋转)

开始输入正文，每一行结尾按【Enter】键换行。

说明：

① 当前文字样式没有设置固定高度时，才会显示"指定高度"提示。

② 可以在命令行中输入数字或通过在屏幕上指定两点来确定文字高度。

③ 根据需要可以连续输入多行文字。其中，每行文字都是独立的对象，可对其进行重新定位、调整格式或进行其他编辑。

④ AutoCAD 提供了一些特殊字符的注写方法，常用的有：

  %%C: 注写直径符号φ。

  %%D: 注写角度符号°。

  %%P: 注写上下偏差符号±。

  %%%: 注写百分比符号%。

注意：特殊字符中直径符号φ不是中文文字，应在英文状态下输入，否则在中文状态下输入时会显示为"?"。

(二) 创建多行文字

多行文字又称段落文字。当输入的文本较多时，可以使用"多行文字"命令来完成，用户可以创建复杂的文字说明，所有的内容作为单一对象处理。使用"多行文字"命令，可以输入或粘贴其他文件中的文字，还可以设置段落内文字的字符格式、调整行距及创建堆叠字符等操作。

1. 执行途径

- 在"绘图"工具栏或"功能区"面板中单击【多行文字】按钮 **A** 。
- 从"绘图"下拉菜单中选取"文字"→"多行文字"命令。
- 在命令行中输入"mtext ✓(回车)"。

2．命令操作

执行命令后，命令行提示信息及操作步骤如下：

MTEXT 当前文字样式："汉字"，文字高度: 2.5，注释性: 否

指定第一角点：

指定对角点或 [高度(H)/对正(J)/行距(L)/旋转(R)/样式(S)/宽度(W)/栏(C)]: (依次指定文字边框的两个对角点。在文字框内输入、编辑文字)

指定文字边框的两个对角点后，弹出如图5-5所示的"文字格式"工具栏。

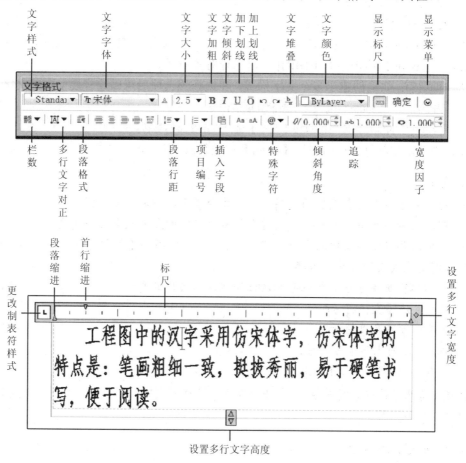

图5-5 多行文字"文字格式"工具栏

其中各选项含义如下：

(1) 文字样式：在工具栏的"文字样式"列表中选择合适的样式，该样式一定是事先设置好的。

(2) 字体：除了可以通过文字样式确定文字字体之外，用户还可以通过单击工具栏中的"字体下拉列表"，选择需要的字体。

(3) 文字大小：即文字高度，用户可以在工具栏的"文字大小"文本框下拉列表里选择需要的高度值，或者在文本框中直接输入具体数值来确定文字的大小。

注意：只有在编辑框中被选定的文字才会被改变大小。

(4) 文字颜色：用户可以在工具栏的"文字颜色"下拉列表中选择合适的颜色。

(5) 文字加粗：选中要加粗的文字，单击工具栏中的按钮 **B** 即可。

(6) 文字倾斜：要倾斜文字，有两种方法。一是先选中文字，再单击工具栏中的按钮 *I*，文字倾斜 15°；二是先选中文字，在工具栏中的"倾斜"下拉列表 *0/* 0.0000 中输入具体数值(可正可负)来确定文字倾斜的角度。

(7) 添加文字上划线和下划线：选中要编辑的文字，单击工具栏中的按钮 **U** 给文字加下划线，单击按钮 **Ō** 给文字加上划线。

(8) 文字堆叠：单击工具栏中的按钮，可以将选中文字设置成堆叠效果，即将文字设置成分式效果，如图 5-6 所示。

注意：堆叠对象中间可以用符号"/"、"#"、"^"分隔。

① "/"(斜杠)：选择该字符将以垂直方式堆叠文字，由水平线分隔。

② "#"(井号)：选择该字符将以对角方式堆叠文字，由对角线分隔。

③ "^"(插入符)：选择该字符将以公差方式堆叠文字，不用直线分隔。

| (1) 水平分隔堆叠 | (2) 对角线分隔堆叠 | (3) 公差方式堆叠 |

图 5-6　文字堆叠效果

(9) 特殊字符：在输入文字内容时，要插入特殊的符号和字符，可单击工具栏中的 **@·** 按钮，在弹出的快捷菜单中选择需要插入的字符。

如果需要的字符不在快捷菜单中，用户还可以单击快捷菜单最下方的【其他(O)...】按钮，打开如图 5-7 所示的"字符映射表"窗口。在窗口中选择一种字体，然后在其中的列表中选择字符后单击【选择】按钮，再单击【复制】按钮，将所选字符复制到底部的"复制字符"文本框中。最后关闭对话框，在编辑框中右击，在弹出的快捷菜单中选择"粘贴"命令，即可插入所选择的字符。

图 5-7　字符映射表

(10) 多行文字对正：单击工具栏中的按钮，显示"多行文字对正"菜单，有九个对齐选项可用，"左上"为默认。

(11) 段落格式：与单行文字不同，多行文字可以设置段落缩进、行间距等段落格式。

单击工具栏中的按钮 ![icon]，弹出"段落"对话框，可以为段落和段落的第一行设置缩进，指定制表位和缩进，控制段落对齐方式、段落间距和段落行距等。

(12) 左对齐、居中、右对齐、对正和分布：单击工具栏中对应的按钮 ![icons]，可以设置当前段落或选定段落的左、中或右文字边界的对正和对齐方式。

(13) 段落行距：单击工具栏中对应的按钮 ![icon]，可以设置当前段落或选定段落的行间距。

(14) 项目编号：对于多行文本中若干个并列的项目，可以像 WORD 等字处理软件一样使用列表来编号排列。单击工具栏中对应的按钮 ![icon]，可以将选定的并列项目自动按照数字方式、字母方式、项目符号等标记顺序进行排列。

(15) 追踪：该选项用于设置文字间距。在工具栏对应的文本框 ![a+b 1.0] 中输入数值，可以改变文字之间的距离。

注意：该数值在 0.75～4.00 之间。

(16) 宽度因子。在工具栏对应的文本框 ![o 1.000] 中输入数值，可以改变文字的宽高比，即可以把文字拉长或压扁。

注意：数值小于 1 将压扁文字，大于 1 将拉长文字。

(三) 编辑文字

无论采用哪种方法创建的文字都可以像其他对象一样进行修改，如移动、旋转、删除和复制。用户可以通过以下方法修改文字：

(1) 鼠标单击或双击：单击单行文本，进入编辑状态，可修改文字内容；双击多行文本，打开多行文字"文字格式"工具栏，可修改文字内容、高度、段落间距等。鼠标单击或双击是修改文字的常用方法。

(2) 命令行方式：启动 DDEDIT 命令。单击选择单行文本，可修改文字内容；单击选择多行文本，打开多行文字"文字格式"工具栏，可修改文字内容、高度、段落间距等。

(3) 菜单方式：依次单击"修改"→"对象"→"文字"→"编辑"，启动 DDEDIT 命令，操作方法同上。

(4) 工具栏方式：在"文字"工具栏上单击【编辑】按钮 ![icon]。

(5) "特性"选项板：选择要修改的文字，右击弹出快捷菜单后选择"特性"选项(或按【Ctrl+1】，弹出"特性"选项板，通过"文字"面板可以修改文字的样式、内容、高度、对正方式、旋转角度、行间距等。

(6) 夹点：文字对象还具有夹点，可用于移动、缩放和旋转。其中，单行文字只有一个夹点，位于文本对象的左下角点；多行文字具有四个夹点，用来表示多行文本框的大小。

任务2 表 格

一、设置表格样式

表格的外观由表格样式控制。用户可以使用默认表格样式"Standard"，也可以创建自己的表格样式。

在表格样式中，用户可以指定标题、列标题和数据行的格式，可以为不同行的文字和网格线指定不同的对齐方式和外观。

1．执行途径

- 在"样式"工具栏或"功能区"面板中单击【表格样式】按钮 。
- 从"格式"下拉菜单中选取"表格样式"命令。
- 在命令行中输入"tablestyle√(回车)"。

2．命令操作

执行命令后，显示"表格样式"对话框，如图 5-8 所示。

单击【新建】按钮，打开"创建新的表格样式"对话框，如图 5-9 所示。

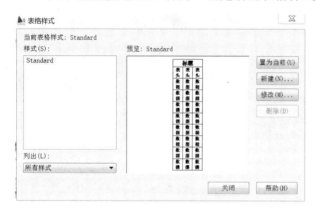

图 5-8 "表格样式"对话框　　　　　图 5-9 "创建新的表格样式"对话框

在"基础样式"下拉列表框中选择一个表格样式，为新的表格样式提供默认设置，然后输入新样式名"我的表格"。

单击【继续】按钮，打开"新建表格样式：我的表格"对话框，如图 5-10 所示。

图 5-10 "新建表格样式：我的表格"对话框

对话框中常用选项含义如下：

(1) "表格方向"：该选项用来设置表格方向。

① "向下"：该选项用来创建由上而下读取的表格，标题行和列标题行位于表格的顶部。

② "向上"：该选项用来创建由下而上读取的表格，标题行和列标题行位于表格的底部。

(2) "单元样式"：表格由标题、表头、数据等三个单元组成。在"单元样式"下拉列表中依次选择这三种单元，通过"基本"、"文字"、"边框"三个选项卡便可对每个单元样式进行设置。

(3) "页边距"：该选项用来控制单元边界和单元内容之间的间距，单元边距设置应用于表格中的所有单元。默认设置为 0.06(英制)和 1.5(公制)，"水平"选项用于设置单元中的文字或块与左右单元边界之间的距离，"垂直"选项用于设置单元中的文字或块与上下单元边界之间的距离。

根据需要全部设置完毕后，单击【确定】按钮，关闭对话框，新的表格样式创建完毕。

二、创建与编辑表格

在 AutoCAD 2010 中，用户可以利用空表格或表格样式来绘制表格对象，还可以将表格链接至 Microsoft Excel 电子表格中的数据。

(一) 创建表格

表格由行与列组成，最小单位为单元。

1. 执行途径

- 单击功能区面板中的【表格...】按钮<img>；
- 从下拉菜单中选取"绘图"→"表格..."命令；
- 命令行中输入"table ✓(回车)"。

2. 命令操作

执行命令后，显示"插入表格"对话框，如图 5-11 所示。

图 5-11 "插入表格"对话框

(1) 绘制空表格：用户可以利用"插入表格"对话框中的选项绘制空表格。

该对话框中各按钮含义如下：

① 表格样式：该选项用于选择一种表格样式，或者单击其右侧的按钮，创建一个新的表格样式。

② 该选项用于选择是从空表格开始还是自数据链接中指定一个表格进行插入。

③ 插入方式：该选项用于选择表格的插入方法。

其中各选项含义如下：

a. 指定插入点：该选项需在绘图窗口中指定表格左上角的位置。用户可以使用鼠标定位，也可以在命令行中输入坐标值来定位。如果表格样式将表格的方向设置为由下而上读取，则插入点位于表格的左下角。

b. 指定窗口：该选项用于指定表格的大小和位置。可以使用定点设备，也可在命令行提示下输入坐标值。选定此选项时，行数、列数、列宽和行高取决于窗口大小以及列和行的设置。

④ 列和行设置：该选项用于设置列和行的数目及大小。

其中各选项含义如下：

a. 列、列宽：该选项分别用于指定列数和列的宽度。如果选定"指定窗口"选项，则用户可以指定列数或列宽，但是不能同时选择两者。

b. 数据行、行高：该选项分别用于指定行数和行高。如果选定"指定窗口"选项，则行数由用户指定的窗口尺寸和行高决定。

⑤ 设置单元样式：该选项用于设置第一行、第二行、所有其他行的单元样式，默认设置为第一行为标题行，第二行为表头行，其他行均为数据行。

(2) 链接 Excel 数据表格：在"插入选项"中选择"自数据链接"选项。

单击右侧按钮，启动如图 5-12 所示的"选择数据链接"对话框，在该对话框中选择"创建新的 Excel 数据链接"选项，弹出如图 5-13 所示的"输入数据链接名称"对话框，

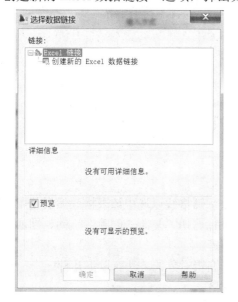

图 5-12　"选择数据链接"对话框　　　　图 5-13　"输入数据链接名称"对话框

在该文本框中输入数据链接名称，并单击【确定】按钮。弹出如图 5-14 所示的"新建 Excel 数据链接：门窗列表"对话框，单击"浏览文件"右侧的按钮 ，在弹出的"另存为"对话框中选择要链接的 Excel 文件。之后，"新建 Excel 数据链接：门窗列表"对话框会进行更新，并在"链接选项"及"预览"选项组中显示该 Excel 表格文件的相关选项和内容，如图 5-15 所示。在当前的对话框中，用户可以选择链接至 Excel 表格中的某个工作表，或者进一步指定表格范围。设置完毕后，单击【确定】按钮。最后，指定表格的插入位置，即可快速将外部制作好的 Excel 表格插入进来。

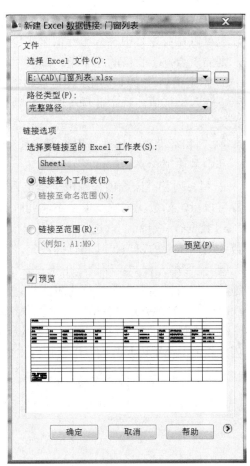

图 5-14　"新建 Excel 数据链接：　　　　图 5-15　更新后的新建"Excel 数据链接：
门窗列表"对话框　　　　　　　　　　门窗列表"对话框

(二) 编辑表格

表格创建完成后，用户可以单击该表格上的任意网格线以选中该表格，然后使用"特性"选项板或夹点来修改该表格。也可以对表格进行剪切、复制、删除、移动、缩放和旋转等简单操作，以及均匀地调整表格的行、列大小等。

在对表格编辑之前，先要选择编辑对象，选择编辑对象的方法有以下几种：

- 单击表格上的任意网格线，可以选中整个表格。
- 在表格单元内单击，可选中该单元。

● 若要选择多个相邻单元，可单击一个单元并在多个单元上拖动。另外，也可以先选中一个单元，再按住【Shift】键并在另一个单元内单击，此时这两个单元及其之间的所有单元都将被选中。

1. 编辑表格的方法

选择了编辑对象后，可进行表格编辑。编辑表格的方法有以下三种。

(1) 用夹点编辑表格。整个表格被选中后的夹点位置及其作用如图 5-16 所示。表格单元被选中时，夹点显示在单元边框的中点，如图 5-17 所示，拖动夹点可以修改单元的行高和列宽。双击表格单元或单击表格单元后按【F2】键，就可以对其中的内容进行编辑。

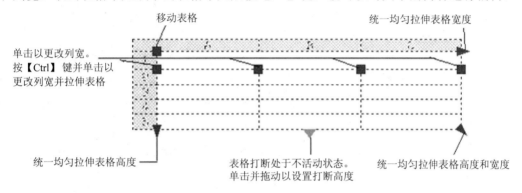

图 5-16　表格控制夹点的位置与作用

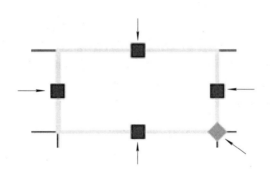

图 5-17　表格单元被选中时夹点的位置与作用

在表格单元内部单击时，将显示"表格"工具栏，如图 5-18 所示。

图 5-18　"表格"工具栏

使用"表格"工具栏，可以执行一些相关的操作，如编辑行和列，合并单元和取消合并单元，改变单元边框的外观，编辑数据格式和对齐，锁定和解锁编辑单元，插入块、字段和公式，创建和编辑单元样式，将表格链接至外部数据等。

(2) 用"特性"选项板编辑表格。选中某个表格整体后，按【Ctrl+1】组合键，可打开整个表格的"特性"选项板，如图 5-19 所示。如果选中的是表格单元，则按该组合键后，可打开表格单元的"特性"选项板，如图 5-20 所示。用户可以从选项板中了解表格或表格单元的当前特性，也可利用此选项板直接进行修改。

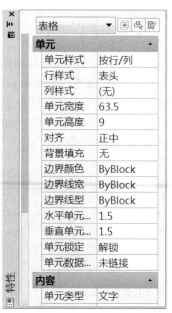

图 5-19　整个表格的"特性"选项板　　　图 5-20　表格单元的"特性"选项板

(3) 用快捷菜单编辑表格。选中整个表格后，右击，弹出整个表格的编辑快捷菜单；如果选中的是表格单元，右击，则会弹出表格单元的编辑快捷菜单。利用菜单上列出的命令可以对表格进行编辑，如插入或删除列和行、合并相邻单元或编辑单元文字等。选中单元后，按【Ctrl+Y】组合键可重复上一个操作，但仅重复通过快捷菜单或"表格"工具栏执行的操作。

2．编辑表格的常用操作

编辑表格常用的操作有如下几种：

(1) 合并单元。选择要合并的单元，右击，在弹出的快捷菜单中选择"合并"命令，并在弹出的子菜单中选择"全部"、"按行"、"按列"命令。被合并的单元必须组合成一个大的矩形。用户还可以取消合并，选择合并后的单元，右击，在弹出的快捷菜单中选择"取消合并"命令，则恢复合并前的状态。

(2) 修改单元边框样式。选择要修改的单元，右击，在弹出的快捷菜单中选择"边框"命令，打开"单元边框特性"对话框，通过对话框可以改变单元的边框类型、边框的粗细、边框的线型和边框的颜色等。

(3) 行列操作。如果当前创建的表格还不能满足要求，AutoCAD 2010 还可以方便地进行增加行列或删除行列操作。

① 增加、删除行。选择某行，右击，在弹出的快捷菜单中选择"行"命令，并在弹出的子菜单中根据需要选择"在上方插入"、"在下方插入"、"删除"命令。

② 增加、删除列。选择某列，右击，在弹出的快捷菜单中选择"列"命令，并在弹出的子菜单中根据需要选择"在左侧插入"、"在右侧插入"、"删除"命令。

说明：表格中的最小列宽不能小于单个字符的宽度，空白表格的最小行高是文字的高度加上单元边距。调整完毕后，按【Esc】键可以退出选择状态。

实 训 5

实训 5.1 绘制标题栏并填写内容

一、实训内容

绘制如图 5-21 所示的标题栏并填写其中的文字内容。

图 5-21 标题栏

二、操作提示

(1) 绘制标题栏。

(2) 创建汉字文字样式。

(3) 填写文字内容，其中图名用 10 号字，校名用 7 号字，其余 5 号字。

实训 5.2 绘制配筋明细表并填写内容

一、实训内容

绘制如图 5-22 所示的配筋明细表。本实训设计的图形主要使用"表格"和"文字"命令。通过本实训，要求熟练掌握"表格"命令，能自由地绘制多行多列的表格，并能在表格中的相应位置输入大小合适的文字。

图 5-22 配筋明细表

二、操作提示

(1) 新建图形文件。

(2) 新建"表格"、"文字"图层。

(3) 根据表格所示的行、列数,绘制表格。

(4) 在表格中采用合适的高度,居中输入文字。

实训 5.3　绘制门窗列表并填写内容

一、实训内容

绘制如图 5-23 所示的门窗列表。本实训设计的图形主要使用"表格"和"文字"命令。通过本实训,要求熟练掌握"表格"命令,能自由地绘制多行多列的表格,并对表格进行进一步的修改操作。

门窗列表			
名称	大小	数量	备注
M1	900	5	平开门
M2	1200	1	推拉门
M3	700	2	平开门
C1	2100	2	普通窗
C2	2700	2	普通窗
C3	3300	2	普通窗

图 5-23　门窗列表

二、操作提示

(1) 新建图形文件。

(2) 新建"表格"、"文字"图层。

(3) 根据表格所示的行、列数,绘制表格。

(4) 调整表格。

(5) 在表格中采用合适的高度,居中输入文字。

项目六

尺 寸 标 注

尺寸标注是建筑设计中不可缺少的内容，是使用图纸指导施工的重要依据。在建筑制图中，只有通过尺寸标注才能准确地反映图形各部分的大小及其相互关系。目前各国制图标准有许多不同之处，我国各行业制图标准中对尺寸标注的要求也不完全相同。因此，用户在标注尺寸前要根据需要创建合适的标注样式。

任务 1 尺寸标注样式

在建筑制图标准中，完整的尺寸标注通常由尺寸界线、尺寸线、尺寸起止符号和尺寸数字四要素构成，四要素的外观与方式通过尺寸标注样式来控制。在 AutoCAD 2010 中，通过"标注样式管理器"对话框可以创建符合各行业标准的标注样式。

一、标注样式管理器

1. 执行途径

- 在"标注"工具栏或功能区面板中单击【标注样式】按钮 。
- 从"格式"下拉菜单中选取"标注样式"命令。
- 在命令行中输入"dimstyle✓(回车)"。

执行命令后，将弹出"标注样式管理器"对话框，可在对话框中创建或修改标注样式，如图 6-1 所示。

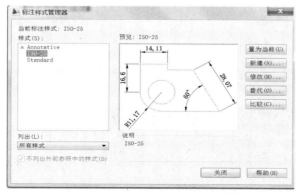

图 6-1 "标注样式管理器"对话框

对话框中所显示的各选项卡的含义如下：

(1) 当前标注样式：该选项卡用于显示当前标注样式的名称。

(2) 样式：该选项卡用于列出图形中的标注样式，当前样式被亮显。在列表中单击鼠标右键可显示快捷菜单及选项，可用于设置当前标注样式、重命名样式和删除样式，但不能删除当前样式或当前图形使用的样式。

(3) 列出：该选项卡用于控制"样式"列表栏中所显示的标注样式。如果要查看图形中所有的标注样式，请选择"所有样式"。如果只希望查看图形中标注的当前使用的标注样式，请选择"正在使用的样式"。

(4) 预览：该选项卡用于显示当前标注样式的示例。

(5) 置为当前：该选项卡用于单击该按钮，将所选定的标注样式设置为当前标注样式，当前样式将应用于所创建的标注。

(6) 新建：该选项卡用于显示"创建新标注样式"对话框，从中可以定义新的标注样式。

(7) 修改：该选项卡用于显示"修改标注样式"对话框，从中可以修改标注样式。对话框选项与"新建标注样式"对话框中的选项相同。

(8) 替代：该选项卡用于显示"替代当前样式"对话框，从中可以设置标注样式的临时替代。对话框选项与"新建标注样式"对话框中的选项相同。替代样式是对已有标注样式进行局部修改，并用于当前图形的尺寸标注，但替代后的标注样式不会存储在系统文件中，下一次使用时，仍然采用已保存的标注样式进行尺寸标注。

(9) 比较：显示"比较标注样式"对话框，从中可以比较两个标注样式或列出一个标注样式的所有特性。

二、标注样式的创建

进行尺寸标注前，首先应设置尺寸标注样式。AutoCAD 2010 默认的标注样式是"ISO-25"，可以根据建筑制图标准在此基础上创建新的标注样式。

在"标注样式管理器"对话框中单击【新建】按钮，将弹出"创建新标注样式"对话框，输入新样式名"建筑"，选择用于"线性标注"，如图 6-2 所示。

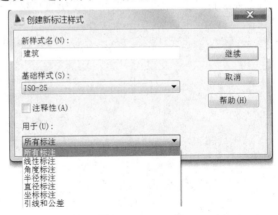

图 6-2 "创建新标注样式"对话框

单击【继续】按钮，将弹出"新建标注样式"对话框，如图 6-3 所示。

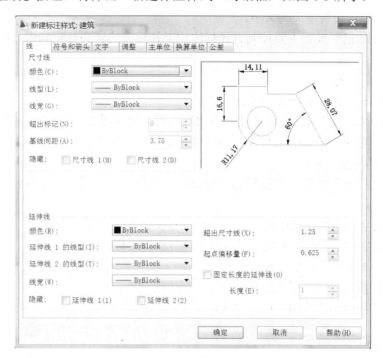

图 6-3 "新建标注样式"对话框

在"新建标注样式"对话框中有 7 个选项卡，利用这七个选项卡可以设置不同的尺寸标注样式，最后，单击【确定】按钮，返回"标注样式管理器" 对话框。

1. "线"选项卡

"线"选项卡用来设置尺寸线和尺寸界线，如图 6-3 所示，选项卡中各选项的含义如下：

(1) "尺寸线"设置包括尺寸线的颜色、线型、线宽等，通常设为"随层 Bylayer"。"超出标记"用来设置尺寸线超出尺寸界线的距离；"基线间距"用来设置基线标注中各尺寸线之间的距离，默认值为 3.75，建筑制图中要求在 7～10 之间，一般输入数值 7；"隐藏"则分别指定第一、二条尺寸线是否被隐藏。

(2) "尺寸界线"设置主要包括尺寸界线的颜色、线型、线宽等，通常设为"随层 Bylayer"。"超出尺寸线"指定尺寸界线在尺寸线上方伸出的距离，默认值为 1.25，可输入数值 2；"起点偏移量"指定尺寸界线到该标注的轮廓线起点的偏移距离，默认值为 0.625，可输入数值 1；"隐藏"选项则分别指定第一、二条尺寸界线是否被隐藏；"固定长度的尺寸界线"选项中可设置尺寸界线的固定长度值。

2. "符号和箭头"选项卡

"符号和箭头"选项卡用来设置箭头、圆心标记、弧长符号和半径折弯标注的格式和位置，如图 6-4 所示，选项卡中各选项的含义如下：

(1) "箭头"设置主要控制标注箭头的外观，其中项含义如下：

① 第一个：设置第一条尺寸线的箭头类型，且第二个箭头自动改变以匹配第一个箭头。

② 第二个：设置第二条尺寸线的箭头类型，且不影响第一个箭头的类型。

③ 引线：设置引线的箭头类型。

④ 箭头大小：设置箭头的大小。

(2) "圆心标记"设置主要控制直径标注和半径标注的圆心标记和中心线的外观，其中各项含义如下：

① 无：表示不标记。

② 标记：表示对圆或圆弧加圆心标记。

③ 直线：对圆或圆弧绘制中心线。右边数字用于设置圆心标记或中心线的大小。

(3) "折断标注"设置控制折断标注的间距宽度。其中"折断大小"用来显示和设置用于折断标注的间距大小。

(4) "弧长符号"设置用来控制弧长标注中圆弧符号的显示，其中各设置内容的含义如下：

① 标注文字的前缀：该选项用于将弧长符号放置在标注文字之前。

② 标注文字的上方：该选项用于将弧长符号放置在标注文字的上方。

③ 无：该选项用于不显示弧长符号。

(5) "半径折弯标注"用来控制折弯半径标注的角度。

(6) "线性折弯标注"用来控制线性标注折弯的显示。

图 6-4　"符号和箭头"选项卡

3."文字"选项卡

"文字"选项卡用来设置标注文字的格式、位置和对齐，如图 6-5 所示，选项卡中各选项的含义如下：

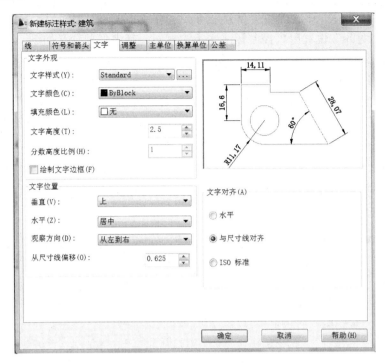

图 6-5 "文字"选项卡

(1) "文字外观"设置用来控制标注文字的格式和大小，其中各项含义如下：

① 文字样式：该选项用于显示和设置当前标注文字样式。从列表中可以选择一种样式。要创建和修改标注文字样式，请点击列表旁边的【...】按钮。

② 文字颜色：该选项用于设置标注文字的颜色，通常选择"随层 Bylayer"。用户可以单击其右侧的下三角按钮，在弹出的下拉列表中选择所需的颜色。

③ 填充颜色：该选项用于设置标注中文字背景的颜色，默认为"无"。

④ 文字高度：该选项用于设置当前标注文字样式的高度，可以在文本框中输入文字高度值。如果在"文字样式"中将文字高度设置为固定值，则该高度将替代此处设置的文字高度。如果要使用在"文字"选项卡上设置的高度，则需确保"文字样式"中的文字高度设置为0。

⑤ 分数高度比例：该选项用于设置相对于标注文字的分数比例。仅当在"主单位"选项卡上选择"分数"作为"单位格式"时，此选项才可用。用此处输入的值乘以文字高度，即可确定标注分数相对于标注文字的高度。

⑥ 绘制文字边框：如选中此项，将在标注文字周围绘制一个边框，默认为不加边框。

(2) 文字位置设置用来控制标注文字相对尺寸线的位置，其中各设置内容的含义如下：

① 垂直：该选项包括"居中"、"上"、"外部"、"下"，还有按照日本工业标准(JIS)放置标注文字的 JIS 标准，默认为上。

② 水平：该选项包括居中、第一条延伸线、第二条延伸线、第一条延伸线上方、第二条延伸线上方，默认为居中选项。

③ 观察方向：该选项包括从左到右和从右到左，默认为从左到右。

④ 从尺寸线偏移：该选项用于设置当前文字与尺寸线之间的间距，默认为 0.625。

(3) "文字对齐"设置用来控制标注文字的方向，其中各项含义如下：

① 水平：该选项表示标注文字始终沿水平位置放置。

② 与尺寸线对齐：该选项表示标注文字始终与尺寸线对齐。

③ ISO 标准：该选项表示当标注文字在尺寸界线内侧时，标注文字与尺寸线对齐；当标注文字在尺寸界线外侧时，标注文字水平位置。建筑制图一般选"与尺寸线对齐"或"ISO标准"。

4."调整"选项卡

"设整"选项卡用来控制标注文字、箭头、引线和尺寸线的放置，如图 6-6 所示，选项卡中各选项的含义如下：

图 6-6 "调整"选项卡

(1) "调整选项"：如果有足够大的空间，文字和箭头都将放在尺寸界线内。否则，将按照"调整"选项放置文字和箭头。"调整选项"的作用就是根据两条尺寸界线间的距离确定文字和箭头的位置，其中各项含义如下：

① 文字或箭头(最佳效果)：当选择该选项时，文字和箭头按最佳的效果放置。

② 箭头：尺寸界线间距离仅够放下箭头时，箭头放在尺寸界线内，而文字放在尺寸界线外；否则，文字和箭头都放在尺寸界线外。

③ 文字：尺寸界线间距离仅够放下文字时，文字放在尺寸界线内，而箭头放在尺寸界线外；否则，文字和箭头都放在尺寸界线外。

④ 文字始终保持在延伸线之间：强制文字放在延伸线之间。

⑤ 若箭头不能放在延伸线内，则将其消除：如果尺寸界线内没有足够空间，则隐藏箭头。

(2) "文字位置"：该选项用于设置当标注文字不在默认位置时的位置，有三种方式，即"尺寸线旁边"、"尺寸线上方，带引线"及"尺寸线上方，不带引线"。

(3) "标注特征比例"：该选项用来设置全局标注比例或图纸空间比例，其中各项设置含义如下：

① 注释性：选中此特性，用户可以自动完成缩放注释的过程，从而使注释能够以正确的大小在图纸上打印或显示。

② 将标注缩放到布局：该选项用于根据当前模型空间视口和图纸空间之间的比例确定比例因子。

③ 使用全局比例：设置指定大小、距离或包含文字的间距和箭头大小等所有标注样式的比例。

(4) "优化"：该选项用于对标注尺寸和尺寸线进行细微调整，其中各项含义如下：

① 手动放置文字：忽略所有水平对正放置，而放置在用户指定的位置。

② 在延伸线之间绘制尺寸线：始终将尺寸线放置在尺寸界线之间，即使箭头位于尺寸界线外。

5. "主单位"选项卡

"主单位"选项卡用来设置标注单位的格式和精度，并设置标注文字的前缀和后缀，如图 6-7 所示，选项卡中各选项的含义如下：

图 6-7 "主单位"选项卡

(1) "线性标注"：设置线性标注的格式和精度，其中各项含义如下：

① 单位格式：该选项用于设置除角度之外的所有标注类型的当前单位格式，一般选择"小数"。

② 精度：该选项用于显示和设置标注文字中的小数位数。

③ 分数格式：该选项用于设置分数格式。

④ 小数分隔符：该选项用于设置小数格式的分隔符号，包括句号、逗号和空格三种。

⑤ 舍入：该选项用于设置标注测量值的四舍五入规则(角度除外)。

⑥ 前缀：在标注文字中包含前缀，当输入前缀时，将覆盖在直径和半径等标注中使用的任何默认前缀。

⑦ 后缀：该选项用于设置文字后缀，可以输入文字或用控制代码显示特殊符号。

(2) "测量单位比例"：用于确定测量时的缩放系数。实际标注值等于测量值与该比例的乘积，其中各项含义如下：

① 比例因子：该选项用于设置线性标注测量值的比例因子。该值不应用到角度标注中。

② 仅应用到布局标注：该选项用于控制是否将所设置的比例因子仅应用在图纸空间中。

(3) "消零"：该选项用于控制是否显示前导零或后续零，其中各项含义如下：

① 前导：该选项用于将小数点的第一位零省略，如"0.234"将变为".234"。

② 后续：该选项用于将小数点后无意义的零省略，如"0.230"将变为"0.23"。

(4) "角度标注"：用于设置角度标注的角度格式、精度以及是否消零，其中各项含义如下：

① 单位格式：该选项用于设置角度单位格式。

② 精度：该选项用于设置角度测量值的精度。

🐢 说明：

在《房屋建筑制图统一标准》(GB/T 50001—2001)中，对尺寸标注的规定如下：

① 尺寸线应用细实线绘制，一般应与被注长度平行，图样本身的任何图线均不得用作尺寸线。

② 尺寸界限应用细实线绘制，一般应与被注长度垂直，其一端离开图样轮廓线(即起点偏移量)不小于 2 mm，另一端宜超出尺寸线 2~3 mm。

③ 总尺寸的尺寸界线应靠近所指部位，中间部分尺寸的尺寸界线可稍短，但其长度应相等。

④ 图样轮廓线可以用作尺寸界限。图样轮廓线以外的尺寸界限，距图样最外轮廓线之间的距离不宜小于 10 mm。

⑤ 互相平行的尺寸线，应从被注写的图样轮廓线由近向远排列整齐，较小尺寸应离轮廓线较近，较大尺寸应离轮廓线较远；平行排列的尺寸线的间距(即基线间距)宜为 7~10 mm，并应保持一致。

⑥ 尺寸起止符号一般用粗短线绘制，其倾斜方向一般应与尺寸界限成顺时针 45 度角，长度(即箭头大小)宜为 2 mm。半径、直径、角度与弧长的尺寸起止符号，宜用箭头表示。

⑦ 尺寸数字一般应依据其方向注写在靠近尺寸线的上方中部。如注写位置不够，最外边的尺寸数字可写在尺寸界限的外侧，中间相邻的尺寸数字可错开注写。

⑧ 标注文字的高度应不小于 2.5 mm，应采用正体阿拉伯数字。

⑨ 图样上的尺寸单位，除标高及总平面图以 m 为单位外，其他必须以 mm 为单位。

⑩ 尺寸宜标注在图样轮廓外，不宜与图线、文字及符号等相交。

6."换算单位"选项卡

"换算单位"选项卡用于指定换算单位的显示，并设置其格式、精度以及位置等，其在特殊情况下才使用。

7."公差"选项卡

"公差"选项卡用于控制在标注文字中是否显示公差以及格式等，主要用于机械制图。

三、标注样式的修改

当发现某个标注样式存在问题，需要进行修改时，打开"标注样式管理器"对话框，选择需要修改的标注样式，然后单击【修改…】按钮进行修改。

该对话框中所有选项卡内容的设置方法与"新建标注样式" 对话框相同，修改标注样式的参数后，图形中所有该标注样式创建的尺寸标注都随之更新，更新后的尺寸标注将按修改后的设置显示。

任务2 尺寸标注类型

根据所标注的线段不同，尺寸标注命令可以分为直线标注、圆弧标注、角度标注、引线标注、坐标标注和公差标注等。其执行途径有以下几种：

- 在"标注"工具栏中单击【标注命令】按钮，"标注"工具栏如图 6-8 所示。
- 从"标注"下拉菜单中选取相对应的命令。
- 在命令行中输入对应的标注命令。

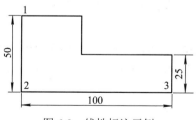

图 6-8 "标注"工具栏

一、线性标注

线性标注用于标注水平、垂直和旋转尺寸。标注示例如图 6-9 所示。

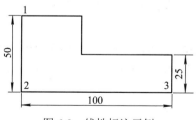

图 6-9 线性标注示例

执行命令后，命令行提示信息及操作步骤如下：

命令：dimlinear

指定第一条尺寸界线原点或 <选择对象>:(指定图 6-9 中第一点)

指定第二条尺寸界线原点: (指定图 6-9 中第二点)

指定尺寸线位置或

[多行文字(M)/文字(T)/角度(A)/水平(H)/垂直(V)/旋转(R)]:

标注文字 = 50

命令: dimlinear

指定第一条尺寸界线原点或 <选择对象>: (指定图 6-9 中第二点)

指定第二条尺寸界线原点: (指定图 6-9 中第三点)

指定尺寸线位置或

[多行文字(M)/文字(T)/角度(A)/水平(H)/垂直(V)/旋转(R)]:

标注文字 = 100

其中各选项含义如下:

(1) 多行文字(M): 选择该选项后, 弹出 "文字格式" 对话框, 可以输入和编辑标注文字。

(2) 文字(T): 根据命令行的提示输入新的标注文字内容。

(3) 角度(A): 根据命令行的提示输入标注文字角度来修改尺寸的角度。

(4) 水平(H): 用于将尺寸文字水平放置。

(5) 垂直(V): 用于将尺寸文字垂直放置。

(6) 旋转(R): 用于创建具有倾斜角度的线性尺寸标注。

二、对齐标注

对齐标注用于标注与指定位置或对象平行的尺寸标注。标注示例如图 6-10 所示。

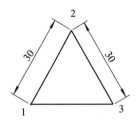

图 6-10 对齐标注示例

执行命令后, 命令行提示信息及操作步骤如下:

命令: dimaligned

指定第一条尺寸界线原点或 <选择对象>: (指定图 6-10 中第一点)

指定第二条尺寸界线原点: (指定图 6-10 中第二点)

指定尺寸线位置或

[多行文字(M)/文字(T)/角度(A)]:

标注文字 = 30

命令: dimaligned

指定第一条尺寸界线原点或 <选择对象>:(指定图 6-10 中第二点)

指定第二条尺寸界线原点: (指定图 6-10 中第三点)

指定尺寸线位置或

[多行文字(M)/文字(T)/角度(A)]:

标注文字 = 30

其中各选项的含义与线性标注中各选项的含义相同，在此不再重复。

三、弧长标注

弧长标注用于标注圆弧或多段线弧线段上的距离。标注示例如图 6-11 所示。

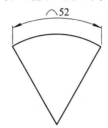

图 6-11　弧长标注示例

执行命令后，命令行提示信息及操作步骤如下：

命令：dimarc

选择弧线段或多段线弧线段:(选择图 6-11 中的圆弧)

指定弧长标注位置或 [多行文字(M)/文字(T)/角度(A)/部分(P)/]:

标注文字 = 52

四、坐标标注

坐标标注用于显示原点(称为基准)到特征点的 X 或 Y 坐标。坐标标注由 X 或 Y 值和引线组成。X 基准坐标标注沿 X 轴测量特征点与基准点的距离。Y 基准坐标标注沿 Y 轴测量距离。标注示例如图 6-12 所示。

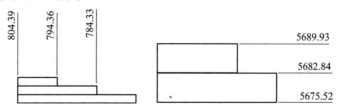

图 6-12　坐标标注示例

执行命令后，命令行提示信息及操作步骤如下：

命令：dimordinate

指定点坐标:

指定引线端点或 [X 基准(X)/Y 基准(Y)/多行文字(M)/文字(T)/角度(A)]:

标注文字 = 804.39

其中各选项含义如下：

(1) 指定引线端点：该选项用于确定引线端点。系统将根据所确定的两点之间的坐标差确定它是 X 坐标标注还是 Y 坐标标注，并将该坐标尺寸标注在引线的终点处。如果 X 坐标之差大于 Y 坐标之差，则标注 X 坐标，反之标注 Y 坐标。

(2) X 基准(X)：标注 X 坐标并确定引线和标注文字的方向。

(3) Y 基准(Y)：标注 Y 坐标并确定引线和标注文字的方向。

五、半径标注、直径标注和折弯标注

半径标注用于标注圆或圆弧的半径尺寸；直径标注用于标注圆或圆弧的直径尺寸；当圆或圆弧的中心位于布局之外且无法在其实际位置显示时，可用折弯半径标注。标注示例如图 6-13 所示。

图 6-13　半径标注、直径标注和折弯标注示例

1. 创建半径标注的步骤

执行半径标注命令后，命令行提示信息及操作步骤如下：

命令：dimradius

选择圆弧或圆：

标注文字 = 12

指定尺寸线位置或 [多行文字(M)/文字(T)/角度(A)]:

2. 创建直径标注的步骤

执行直径标注命令后，命令行提示信息及操作步骤如下：

命令：dimdiameter

选择圆弧或圆：

标注文字 = 14

指定尺寸线位置或 [多行文字(M)/文字(T)/角度(A)]:

3. 创建半径折弯标注的步骤

在"新建标注样式"对话框中"符号和箭头"选项卡的"半径折弯标注"下，用户可以控制折弯的角度。执行折弯标注命令后，命令行提示信息及操作步骤如下：

命令：dimjogged

选择圆弧或圆：

指定图示中心位置：

标注文字 = 20

指定尺寸线位置或 [多行文字(M)/文字(T)/角度(A)]:

指定折弯位置：(用鼠标点取)

六、角度标注

角度标注用于标注两条直线或三个点之间的精确角度，标注示例如图 6-14 所示。

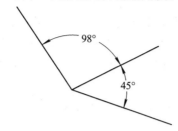

图 6-14　角度标注示例

执行命令后，命令行提示信息及操作步骤如下：

命令：dimangular

选择圆弧、圆、直线或 <指定顶点>:

选择第二条直线:

指定标注弧线位置或 [多行文字(M)/文字(T)/角度(A)/象限点(Q)]:

标注文字 = 98

其中各选项含义如下：

(1) 如选择圆弧为标注对象，系统将以圆弧的两个端点作为角度尺寸的两条界线的起始点。

(2) 如选择圆为标注对象，系统将以圆心为顶点，两个指定点为尺寸界线的原点。

(3) 如选择直线为标注对象，系统将以两条直线的交点或延长线的交点作为顶点，两条直线作为尺寸界线。

(4) 指定顶点：直接指定顶点、角的第一个端点和角的第二个端点来标注角度，

(5) 象限点：指定圆或圆弧上的象限点来标注弧长，尺寸线将与圆弧重合。

七、快速标注

快速标注用于一次性标注多个对象。

执行命令后，命令行提示信息及操作步骤如下：

命令：qdim

关联标注优先级 = 端点

选择要标注的几何图形: 指定对角点: 找到 14 个

选择要标注的几何图形: (按【ENTER】键结束选取)

指定尺寸线位置或 [连续(C)/并列(S)/基线(B)/坐标(O)/半径(R)/直径(D)/基准点(P)/编辑(E)/设置(T)] <连续>:

其中各选项含义如下：

(1) 连续、并列、基线、坐标、半径和直径对应着相应的标注。

(2) 基准点：该选项用来为基线标注和连续标注确定一个新的基准点。

(3) 编辑：该选项用来对快速标注的选择集进行修改。

(4) 设置：该选项用来设置关联标注的优先级。

八、基线标注和连续标注

基线标注用于从选定的标注基线处创建一系列的相关多个标注；连续标注是用于从选定的标注基线处创建一系列首尾相连的多个标注。在进行基线或连续标注之前，首先要创建线性、对齐或角度标注作为基准标注的基准。标注示例如图 6-15 所示。

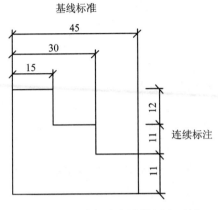

图 6-15 基线标注和连续标注示例

1．创建基线标注的步骤

执行命令后，命令行提示信息及操作步骤如下：

> 命令：dimbaseline
>
> 指定第二条尺寸界线原点或 [放弃(U)/选择(S)] <选择>:
>
> 标注文字 = 30
>
> 指定第二条尺寸界线原点或 [放弃(U)/选择(S)] <选择>:
>
> 标注文字 = 45

其中各选项含义如下：

(1) 指定第二条尺寸界线原点：该选项使用对象捕捉选择第二条尺寸线的原点，并在指定距离处自动放置第二条尺寸线。默认状态下，所选择的基准标注的原点自动成为新基线标注的第一条尺寸线。

(2) 选择：该选项用来重新选择线性、对齐或角度标注作为基准标注的基准。

2．创建连续标注的步骤

执行命令后，命令行提示信息及操作步骤如下：

> 命令：dimcontinue
>
> 指定第二条尺寸界线原点或 [放弃(U)/选择(S)] <选择>:
>
> 标注文字 = 11
>
> 指定第二条尺寸界线原点或 [放弃(U)/选择(S)] <选择>:
>
> 标注文字 = 12

注：各选项含义与基线标注相同。

九、标注间距

当图形中的标注较多时，对尺寸标注之间的间距不满意，可以用标注间距命令调整平行的线性标注和角度标注之间的间距，或根据指定的间距值进行调整。除了调整尺寸线间距，还可以通过输入间距值 0 使尺寸线相互对齐。由于能够调整尺寸线的间距或对齐尺寸线，因此无需重新创建标注或使用夹点逐条对齐并重新定位尺寸线。

执行命令后，命令提示行信息及操作步骤如下：

命令：dimspace

选择基准标注：

选择要产生间距的标注: (找到 1 个)

选择要产生间距的标注:

输入值或 [自动(A)] <自动>: 7

十、折断标注

使用折断标注可以在尺寸线或尺寸界线与几何对象或其他标注相交的位置将其折断。

执行命令后，命令行提示信息及操作步骤如下：

命令：dimbreak

选择标注或 [多个(M)]:

选择要打断标注的对象或 [自动(A)/恢复(R)/手动(M)] <自动>: (选择要打断标注的对象)

十一、圆心标记

圆心标记有两种样式，其中，中心标记是标记圆或圆弧中心的小十字，中心线是标记圆或圆弧中心的虚线。圆心标记的样式在"标注样式"的"符号和箭头"选项卡中的"圆心标记"选项中进行设置。

十二、折弯线性标注

可以向线性标注添加折弯线，以表示实际测量值与尺寸界线之间的长度不同。如果显示的标注对象小于被标注对象的实际长度，则通常使用折弯尺寸线表示。

任务 3 尺寸标注的编辑与修改

当尺寸标注不符合要求或绘制错误时，可以单击"标注"工具栏中的相应按钮对创建的标注进行编辑和修改。

一、编辑标注

编辑标注可以编辑修改标注对象的标注文字和延伸线，可以旋转、修改或恢复标注文字，更改延伸线的倾斜角，如图 6-16 所示。

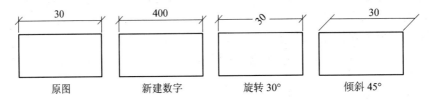

图 6-16　编辑标注示例

执行命令后，命令行提示信息及操作步骤如下：

命令：dimedit

输入标注编辑类型 [默认(H)/新建(N)/旋转(R)/倾斜(O)] <默认>：

其中各选项含义如下：

(1) 默认(H)：该选项用于指定将选中的标注文字放回到由标注样式的位置和旋转角度。

(2) 新建(N)：该选项用于修改标注文字的内容。

(3) 旋转(R)：该选项用于指定标注文字的旋转角度。

(4) 倾斜(O)：该选项是针对尺寸界线进行编辑，用于指定线性尺寸界线的倾斜角度。

选择对象: (找到 1 个)

选择对象: (按【ENTER】键结束)

二、编辑标注文字

编辑标注文字用于改变标注文字的位置，如图 6-17 所示。

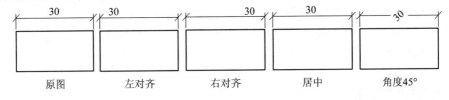

图 6-17　编辑标注文字示例

执行命令后，命令行提示信息及操作步骤如下：

命令：dimtedit

选择标注:

为标注文字指定新位置或 [左对齐(L)/右对齐(R)/居中 (C)/默认(H)/角度(A)]:

其中各选项含义如下：

(1) 左对齐(L)：该选项用于将标注文字放置到尺寸线左端。

(2) 右对齐(R)：该选项用于将标注文字放置到尺寸线右端(以上两项仅适用于线性、直径、半径标注)。

(3) 居中(C)：该选项用于将标注文字放置到尺寸线的中心。

(4) 默认(H)：该选项用于将标注文字放置到由标注样式指定的位置。

(5) 角度(A)：该选项用于按指定的角度来放置标注文字。

三、标注更新

标注更新用于按照当前尺寸标注样式所定义的形式，将已经标注的尺寸进行更新，如图 6-18 所示。

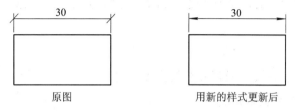

原图　　　　　　　　　用新的样式更新后

图 6-18　标注更新示例

执行命令后，命令行提示信息及操作步骤如下：

命令：dimstyle

当前标注样式：副本 对齐　注释性: 否

输入标注样式选项[注释性(AN)/保存(S)/恢复(R)/状态(ST)/变量(V)/应用(A)/?] <恢复>：apply

选择对象：(找到 1 个)

四、使用"对象特性"选项板修改尺寸标注

AutoCAD 2010 中，和图形、文字一样，可以使用"特性"选项板对尺寸标注进行编辑，如图 6-19 所示。

图 6-19　"特性"选项板

其执行途径有以下几种：

- 单击"标准"工具栏中的【特性】按钮 ▣。
- 从"修改"下拉菜单中选取"特性"命令。
- 在命令行中输入"properties ✓(回车)"。
- 双击需要修改的尺寸标注。

执行命令后，打开"特性"选项板，如图 6-19 所示。该选项板中列出了所有控制该尺寸标注外观的设置及其设置值。单击需要修改的设置值，重新输入或选择该选项设置值即可。

五、使用夹点编辑

夹点编辑可用于标注文字及尺寸线的修改，它是一种很有效的编辑方式。

1. 标注文字及尺寸线的移动

选择一个要编辑的尺寸标注，激活标注文字中间的夹点，拖动鼠标左键来移动标注文字的位置，移动到位置后，单击鼠标左键，如图 6-20 所示。

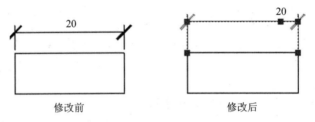

图 6-20 夹点编辑示例 1

2. 尺寸的拉伸

选择一个要编辑的尺寸标注，激活标注原点的夹点，拖动鼠标左键到新标注的点，移动到位置后，单击鼠标左键，如图 6-21 所示。

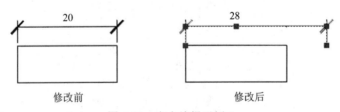

图 6-21 夹点编辑示例 2

实 训 6

实训 6.1 按比例绘制平面图形并标注尺寸(一)

一、实训内容

按比例绘制图 6-22 并标注尺寸。

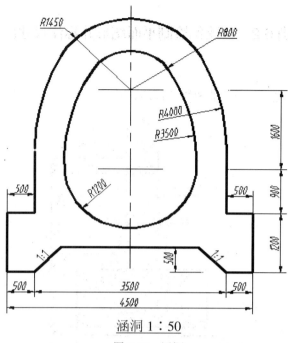

涵洞 1：50

图 6-22　涵洞

二、操作提示

(1) 绘制涵洞图形并缩放为 1：50。

(2) 创建标注样式"涵洞"。在"标注"工具栏上单击按钮，弹出"标注样式管理器"对话框。单击【新建】按钮，弹出"创建新标注样式"对话框，输入新样式名"涵洞"，基础样式为"ISO-25"，选择用于"所有标注"。单击【继续】按钮，弹出"新建标注样式"对话框，对话框中各选项含义如下：

① "线"选项卡：尺寸线"基线间距"取值 7；尺寸界线"超出尺寸线"取值 2；"起点偏移量"取值 3。

② "符号和箭头"选项卡："箭头大小"取值 3。

③ "文字"选项卡："文字样式"选择"数字和字母"；文字高度取值 2.5；文字对齐方式为"与尺寸线对齐"。

④ "调整"选项卡："优化"选择"手动放置文字"。

⑤ "主单位"选项卡：单位格式为"小数"，精度取值"0"；"测量单位比例"选择比例因子为 50。

⑥ 其余未提及的均取默认值。

单击【确定】按钮，返回"标注样式管理器"对话框。

(3) 在"标注"工具栏上单击【线性】和【连续】按钮标注水平和竖直的线性尺寸。

(4) 标注半径。其中 R1450、R800 用替代方式建立一种新样式，将文字对齐方式改为"水平"。

(5) 标注斜坡的坡度(1：1)。用"单行文字"命令，指定文字样式为"数字和字母"，高度为 2.5，角度分别为 45°和−45°，按图中所示的位置标注坡度。

实训6.2 按比例绘制平面图形并标注尺寸(二)

一、实训内容

按比例绘制如图6-23所示基础图样并标注尺寸。

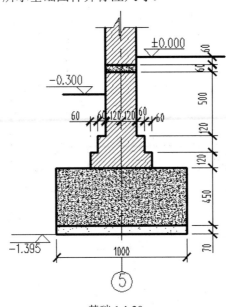

基础 1 : 20

图6-23 基础图样

二、操作提示

(1) 绘制如图6-23所示的基础图样(用1：1绘制后缩小为1/20)。

(2) 创建标注样式"基础"。单击"标注"工具栏中的【标注样式】按钮,弹出"标注样式管理器"对话框。单击【新建】按钮,弹出"创建新标注样式"对话框,在"新样式名"文本框中输入"基础",基础样式为"ISO-25",选择用于"所有标注"。单击【继续】按钮,弹出"新建标注样式：基础"对话框,对话框中各选项含义如下：

① "线"选项卡：尺寸线"基线间距"取值7；尺寸界线"超出尺寸线"取值2；"起点偏移量"取值3；其余采用默认值。

② "符号和箭头"选项卡："箭头"改为"建筑标记"；"箭头大小"取值3；其余采用默认值。

③ "文字"选项卡："文字样式"选择"数字和字母"；文字高度取值3.5；文字对齐方式为"与尺寸线对齐"；其余采用默认值。

④ "调整"选项卡："调整选项"选择"文字和箭头"；"优化"选择"手动放置文字"；其余采用默认值。

⑤ "主单位"选项卡："单位格式"为"小数"；精度取值0；测量单位比例因子为20。

⑥ 其余未提及的均取默认值；单击【确定】按钮,返回"标注样式管理器"对话框。

(3) 在"标注"工具栏上单击【线性】和【连续】按钮标注水平和竖直的线性尺寸。

项目七

图块的创建与应用

在绘制建筑工程图的过程中，经常会遇到一些需要反复使用的标准图形，比如门、窗、家具、标高符号等。我们可利用 AutoCAD 2010 的复制功能来实现相同图形的多次绘制，但这种方法在复制操作时不方便对图形进行即时的修改，效率不是很高。AutoCAD 2010 提供了图块操作，使得这些标准图形可以由绘图者自定义为图块，保存在模板文件当中或单独以一个图形文件的方式保存起来，在绘制其他图形时可以很方便地通过"图块插入"命令和"设计中心"窗口等方法随时调用插入，并且可以根据需要更新属性，从而达到重复利用、提高绘图效率的目的。

如图 7-1 所示的双扇平开门、百叶窗、钢筋混凝土方柱都可以定义为图块，在绘制建筑工程图时根据需要调用插入。

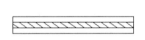

(a) 双扇平开门　　　　　　(b) 百叶窗　　　　　　(c) 钢筋混凝土方柱

图 7-1　图块示例

任务 1　图块的创建及应用

图块是许多图形对象的组合，这些对象可以是在不同图层上绘制的具有不同颜色、线型和线宽特性的图形。图块定义后，用户可以方便地按照一定比例和角度重复使用，并进行相应修改。

要应用图块，首先需要创建图块。图块的创建分为内部图块和外部图块。

一、内部图块的创建

内部图块保存在当前图形文件内部，因此只能在当前图形文件中调用，不能用于其他图形文件。

1. 执行途径

• 在"绘图"工具栏或功能区面板卡中单击【创建块】按钮 。
• 从"绘图"下拉菜单中选取"块"→"创建"命令。

- 在命令行中输入"block 或 bmake✓(回车)"。

2. 命令操作

执行"创建块"命令后，弹出"块定义"对话框，如图 7-2 所示。在其中设置块名称及其他参数后，单击【确定】按钮即可在当前图形文件中创建内部图块。

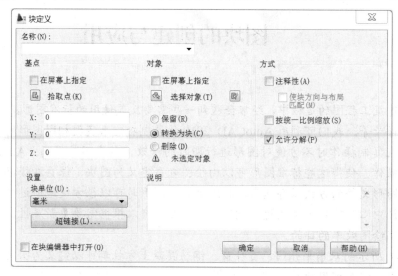

图 7-2 "块定义"对话框

对话框中各选项的含义如下：

(1) 名称：该选项用于为创建的内部块命名，文本框中可输入"块"的名称。

注意：图块的名称最多只能有 255 个字符，可以由英文字母、数字、各种货币符号、连接符号以及下划线等字符组成。在图块名中不区分大小写，用户所定义的新的图块名不能与已有的图块名相同。

(2) 基点：该选项用于确定图块插入的基点。用户可以直接输入基点的 X、Y、Z 的坐标值；也可以单击【拾取点】按钮 返回绘图区中指定基点。

(3) 对象：该选项用于选择要定义成块的对象，可以通过选择"在屏幕上指定"，或单击【选择对象】按钮 返回绘图区中选取要创建为图块的对象。其中有"保留"、"转化为块"和"删除"三个选项，它们的含义如下：

① 保留：创建块后，选定的图形在绘图窗口中保留显示。

② 转化为块：创建块后，将选定对象转化为图中的块。

③ 删除：创建块后，从图中删除选定的对象。

(4) 设置：该选项用于指定块的设置，它们的含义如下：

① 块单位：指定块参照插入单位。单击下拉箭头，将出现下拉列表选项，用户可从中选取单位。

② 超链接：单击该按钮将弹出"插入超链接"对话框，在对话框中可以将某个超链接与块定义相关联。

(5) 方式：该选项用于指定块的行为，它们的含义如下：

① 注释性：可以创建注释性块参照。使用注释性块和注释性属性，可以将多个对象合

并为可用于注释图形的单个对象。其下的"使块方向与布局匹配"选项用于指定在图纸空间视口中的块参照的方向与布局的方向匹配。如果未选中"注释性"复选框，则该复选框不可用。

② 按统一比例缩放：该选项用于指定插入时是否按统一比例缩放。

③ 允许分解：该选项用于指定插入时是否可以被分解。

④ 说明：该选项用于输入图块的文字说明。

二、外部图块的创建

外部图块是图块的另一种创建类型，它不依赖于某个图形文件，而是以图形文件的形式单独保存，因此在任何图形中都可以调用。

1．执行途径

在命令行中输入"wblock✓(回车)。

2．命令操作

执行命令后，AutoCAD 会弹出"写块"对话框，如图 7-3 所示。

图 7-3　"写块"对话框

对话框中各选项的含义如下：

(1) 源：可以通过如下几个选项来设置：

① 块(B)：该选项用于从右边的列表框中，选定已经定义好的图块输出为块文件。

② 整个图形(E)：该选项用于将整张图定义成块文件。

③ 对象(O)：该选项用于在绘图区域中选定对象并将其定义成块文件。

(2) 基点：该选项是块插入的基点。可以通过单击按钮后，用光标直接在绘图窗口中点取的方式先选取基点；或直接输入基点的坐标值。

(3) 对象：该选项与"块定义"对话框的各项参数含义相同。

(4) 目标：在该设置区中，用户可以设置块的如下几项信息：

① 文件名和路径(F)：该选项用于设置输出文件名和路径。单击对话框中的【浏览】按钮，弹出"浏览图形文件"对话框，用户可以从中选取保存块文件的位置，也可以直接在输入框中输入保存块文件的路径。

② 插入单位(U)：插入块的单位。

三、直接插入图块

完成图块的创建后，根据绘图需要，即可将所需图块插入到当前图形中。

1．执行途径

- 在"绘图"工具栏或功能区面板中单击【插入块】按钮 。
- 从"插入"下拉菜单中选取"块"命令。
- 在命令行中输入"insert✓(回车)"。

2．命令操作

执行命令后，弹出"插入"对话框，如图7-4所示。

图7-4 "插入"对话框

对话框中各选项的含义如下：

(1) 名称(N)：该选项用于在下拉列表中选择要插入的图块或者直接输入要插入图块的名称。

(2) 浏览(B)：单击该按钮，将出现查找"选择图形文件"对话框，用户可利用该对话框选取已有的图块文件。

(3) 插入点：该选项用于指定块插入的基准点，与创建图块时的"基点"重合。可以直接输入 X、Y、Z 的坐标值，也可以返回绘图窗口指定一点作为插入点。

(4) 比例：该选项用于指定插入块的缩放比例，可以在屏幕上指定也可以直接在文本框中输入数值来设置比例系数。如果指定负的 X、Y 和 Z 缩放比例因子，则插入块的镜像图像。若选择"统一比例"，则只需输入 X 方向的比例即可，Y、Z 方向的比例系数与 X 方向的一致。

（5）旋转：该选项用于设置插入块的旋转角度，可以在屏幕上指定，也可以直接在文本框中输入数值设置。

（6）块单位：该选项用于显示当前选择图块的单位和比例。

（7）分解：若该选项被选中，则图块插入时自动分解，即图块分解成单独的图元对象，可以单独进行编辑。

🐚说明：

① 块可以互相嵌套，即可把一个块放入另一个块中。

② 当块被插入图形中时，块将保持它原始的层定义。即：假如一个块中的对象最初位于名为"A"的层中，当它被插入时，它仍在"A"层上。如果"A"层还没有定义的话，图块插入时系统将自动生成一个"A"层；如果"A"层已经存在，则块中对象的线型与颜色则由图形中的"A"层决定。

③ 如果在创建图块时，组成块的图形对象位于"0"层，且所有特性设置为"随层"，则在插入图块时，插入的图块对象特性都继承当前层的设置。建议大家创建图块时，在 0 层绘制对象。

四、通过工具选项板插入图块

在 AutoCAD 2010 中还可以通过工具选项板插入常用的建筑图块。

其执行途径有以下几种：

• 单击"标准"工具栏中的【工具选项板】按钮 ▤。

• 按【Ctrl＋3】组合键。

在"工具"选项板中通过鼠标单击要插入到图形中的图块，然后在绘图区中指定图块的插入位置即可。

任务 2　图块属性的定义及编辑

图块在插入的同时，还可以附带一些文字信息，这些信息称为块属性，它们也是块的一个组成部分。属性是不能脱离图块而存在的，在删除图块时，属性也会被删除。属性是由属性标记和属性值两部分组成的。要创建带有属性的图块，首先应该定义图块的属性，然后再创建。

图块属性在建筑绘图中的的合理应用，大大提高了绘图的效率，例如门窗标注、高程标注、图框标题栏的文字标注等都可以通过块属性来绘制，如图 7-5 所示。

图 7-5　图块属性的应用

一、定义图块属性

图块属性是对图块附加的一些文字信息，比如标高符号中的标高值、轴线符号中的轴线编号等等。

1．执行途径

- 在"块"功能区面板中单击【定义属性】按钮 ◇。
- 从"绘图"下拉菜单中选取"块"→"定义属性"命令。
- 在命令行中输入"attdef 或 att ↙(回车)"。

2．命令操作

执行命令后，弹出"属性定义"对话框，如图 7-6 所示。

图 7-6 "属性定义"对话框

对话框中各选项的含义如下：

(1) 模式：该选项用于在图形中插入块时，设置与块关联的属性值选项。

① 不可见：该选项用于指定插入块时不显示或打印属性值。

② 固定：该选项用于在插入块时赋予属性固定值。

③ 验证：该选项用于插入块时提示验证属性值是否正确。

④ 预设：该选项用于插入包含预置属性值的块时，将属性设置为默认值。

⑤ 锁定位置：该选项用于锁定块参照中属性的位置。解锁后，属性可以相对于使用夹点编辑的块的其他部分移动，并且可以调整多行属性的大小。

⑥ 多行：该选项用于指定属性值可以包含多行文字。选定此选项后，可以指定属性的边界宽度。

(2) 属性：确定属性的标志、提示以及缺省值。在该设置区中，可以利用"标记"文本框输入属性的标志；利用"提示"文本框输入属性提示；利用"默认"文本框输入属性的缺省值。

(3) 插入点：确定属性文本插入时的基点。在该设置区中，可以通过选中"在屏幕上指定"复选框，在绘图窗口直接选取插入点，也可以直接输入插入点的坐标值。

(4) 文字设置：确定属性文本的格式，包括对正方式、文字样式、文字高度、文字倾斜角度。

执行完以上操作后，单击【确定】按钮，即完成了一次属性的定义。

🌐说明：

① 用户必须输入属性标志。属性标志可以由字母、数字、字符等组成，但是字符之间不能有空格。AutoCAD 将属性标志中的小写字母自动转换为大写字母。

② 为了在插入块时提示用户输入属性值，用户可以在定义属性时输入属性提示。如果用户直接按【回车】键来响应属性提示，则用户确定的属性标志将作为属性提示。如果用户选用常量方式的属性，则 AutoCAD 将不显示这一提示。

③ 用户可以将使用次数较多的属性值作为缺省值。如果用户直接按【回车】键来响应，则 AutoCAD 将不设置缺省值。

④ 用户可以利用 "attdef" 命令确定多个属性。例如，标题栏图块创建时可以定义"设计"、"审核"、"图号"、"比例"等多个属性。

【**例 7-1**】　将图 7-7(a)所示的标高符号创建为带属性的块。

在建筑工程图中，经常需要标注大量的高程，这些标注往往有相同的图例、不同的高程数值。借助于块属性、确定不同的插入点，我们可以很快地完成这些标注，步骤如下：

(1) 绘制基本图形，如图 7-7(a)所示。

(2) 定义块属性。执行 "Attdef" 命令后，弹出"属性定义"对话框，设置属性为：在"标记"文本框中输入 "bg"；在"提示"文本框中输入"输入高程数值"；在"默认"文本框中输入%%p0.000。确定后将标记放到合适位置，如图 7-7(b)所示。

(3) 创建图块。选取标高图例和定义好的属性，将其一起创建成图块，名称为"标高"，确定后定义的属性显示为如图 7-7(c)所示。

(4) 插入图块。执行"块插入"命令，在弹出的"块插入"对话框中选定"标高"图块，确定插入位置，设置好比例和角度等参数，单击【确定】按钮后命令行出现如下提示：

　　输入属性值：

　　请输入高程：<±0.000>: 1.230

结果如图 7-11(d)所示，属性显示为刚刚输入的属性值 "1.230"。

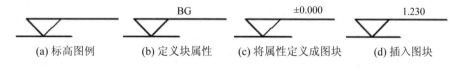

(a) 标高图例　　　　(b) 定义块属性　　　　(c) 将属性定义成图块　　　　(d) 插入图块

图 7-7　标高图例的制作

二、图块属性的编辑

图块属性的编辑分为创建图块之前和创建图块之后。

(一) 创建图块之前

在将属性定义成块之前，如果想改变固块属性可以修改属性定义。

1. 执行途径

- 从"修改"下拉菜单中选取"对象"→"文字"→"编辑"命令。
- 直接在属性上双击。
- 在命令行中输入"ddedit 或 change ✓(回车)"。

2. 命令操作

"Ddedit"或"Change"命令都可以用来修改属性定义，分别操作如下：

(1) 执行"Ddedit"命令后，命令行提示信息及操作步骤如下：

　　　　选择注释对象或 [放弃(U)]：(选取定义的属性)

选取完属性后，AutoCAD 将会弹出"编辑属性定义"对话框，如图 7-8 所示。

图 7-8 "编辑属性定义"对话框

用户可以通过该对话框中的"标记"、"提示"以及"默认"三个文本框来修改属性。

(2) 执行"Change"命令后，命令行提示信息及操作步骤如下：

　　　　选择对象：找到 1 个(选取要修改的属性)

　　　　选择对象：✓(回车)

　　　　指定修改点或 [特性(P)]：(输入属性文本新的插入点)

　　　　输入新文字样式 <Standard>：(输入属性文本新的字型样式)

　　　　指定新高度 <25.0000>：(指定属性文本的新高度)

　　　　指定新的旋转角度 <0>：(指定属性文本新的旋转角度)

　　　　输入新标记 <高程标注>：(输入新属性标志)

　　　　输入新提示 <请输入高程：>：(输入新的提示)

　　　　输入新默认值 <±0.000>：(输入属性新的缺省值)

(二) 创建图块之后

用户可以修改已经附着到块上的全部属性的值及其他特性。单击"修改"→"对象"→"属性"→"块属性管理器"命令，打开"块属性管理器"对话框，如图 7-9 所示。在"块"下拉列表框中选择要修改的块的名称，单击 编辑(E)... 按钮，弹出如图 7-10 所示的"编辑属性"对话框，开始对属性的修改。

图 7-9　"块属性管理器"对话框

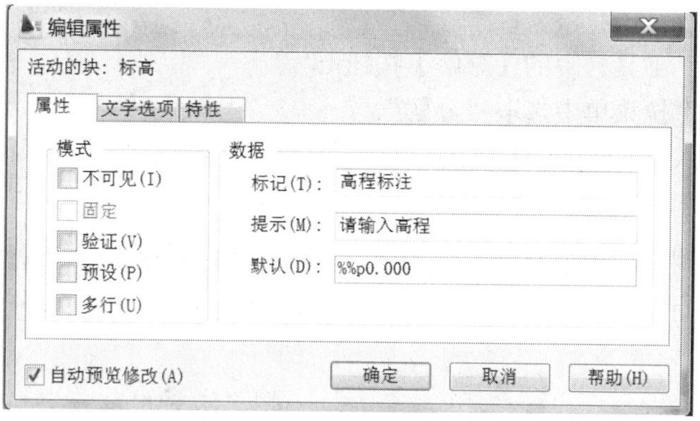

图 7-10　"编辑属性"对话框

　　默认情况下，这里所作的属性更改在当前图形中将应用于现有的所有块对象。单击"块属性管理器"对话框底部的 设置(S)... 按钮，打开"块属性设置"对话框，如图 7-11 所示。在这里可以选择要在列表中显示的项目。如果要将更改结果应用于现有的块对象，应选中 ☑ 将修改应用到现有参照(X) 复选框。

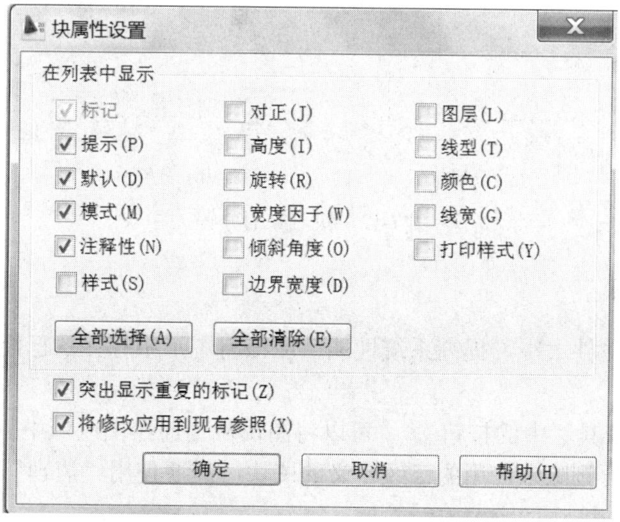

图 7-11　"块属性设置"对话框

对块属性做了修改之后，单击"块属性管理器"对话框中的按钮 同步(Y)，即可通过已修改的属性来更新现有的所有块对象。

三、图块对象的分解与删除

在默认情况下，由于插入的图块中的所有对象是一个整体，因此不能对某个对象进行单独编辑。如果需要在一个块中单独修改一个或多个对象，只有先对图块进行分解后才能进行修改。

(一) 块对象的分解

1. 执行途径

- 单击"修改"工具栏中的【分解】按钮。
- 从"修改"下拉菜单中选取"分解"。
- 在命令行输入"explode✓(回车)"。

2. 命令操作

根据提示在绘图窗口中选择要分解的块，然后按【Enter】键，块对象被分解为分散的对象，但是块并没有消失，还存在于图形中，可以继续插入使用。块分解前后的对比如图7-12所示。

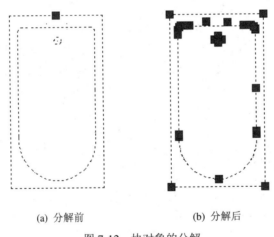

(a) 分解前   (b) 分解后

图 7-12　块对象的分解

(二) 块的删除

为了减少图形文件大小，提高系统性能，应该将图形中存在的已经定义但是从未使用的图块删除。

点击"修改"工具栏中的按钮，可以将图块从当前绘图区域中删除，但是块定义依然存在于图形中。要删除未使用的已经定义的图块，需要使用"清理"命令。

1. 执行途径

- 从"文件"下拉菜单中选取"图形实用工具"→"清理"。

• 在命令行中输入"purge ∠(回车)"。

2．命令操作

执行命令后，打开"清理"对话框，如图 7-13 所示，对话框中显示了可以清理的命名对象的树状图。要清理所有未参照的块，可选择其中的"块"项目，如果还要包含嵌套块，则选中底部的"清理嵌套项目"复选框。

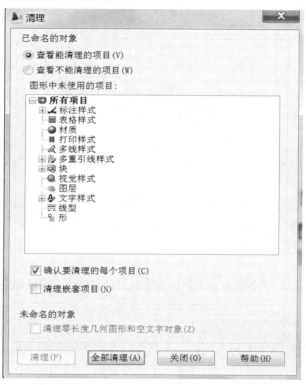

图 7-13 "清理"对话框

如果要清理的项目没有列出，可选中"查看不能清理的项目"单选项。选择要清除的图块后，单击【清理】按钮，弹出"确认清理"对话框，确认后即开始清理。清理完毕后，单击【关闭】按钮。

实 训 7

实训 7.1 绘制房屋立面图并创建定义属性的块

一、实训内容

标高符号在绘图时经常用到，可以创建带属性的块并定义标高图例的属性，创建房屋立面标高图块，如图 7-14 所示。

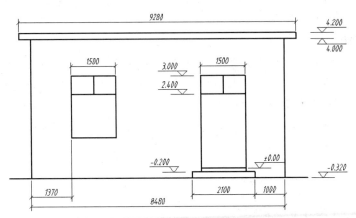

图 7-14　房屋立面图

二、操作提示

(1) 绘制房屋立面图。粗实线为立面的最外轮廓线；加粗线为地坪线；细实线为门窗分隔线；中实线为台阶、门窗洞口。

(2) 绘制标高图例，先定义属性，将标高图例和属性定义成图块。

(3) 使用"插入块"命令将定义好的标高图块插入到指定位置，并输入新的标高值。

(4) 左侧的标高完成标注后，可以使用"镜像"命令得到右侧的标注，稍作修改即可。

实训 7.2　绘制平面图并将轴线编号创建为带属性的块

一、实训内容

轴线编号在绘图时经常用到，比例、位置不同，定位轴线编号也不一样，为了达到快捷绘图的目的，可以创建带属性的块。房屋平面图如图 7-15 所示。

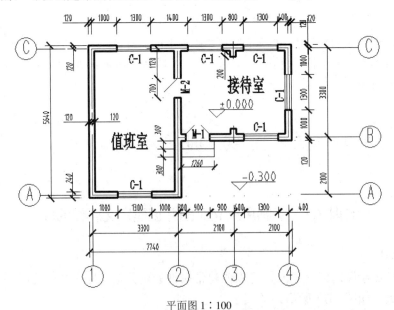

平面图 1∶100

图 7-15　房屋平面图

二、操作提示

(1) 绘制房屋平面图。粗实线为剖切到的墙体的断面轮廓线；中粗实线为门窗的开启示意线；其余可见轮廓线为细实线。

(2) 绘制定位轴线编号圆，用细实线绘制，直径为 8 mm，先定义属性，创建有属性的块。

(3) 使用"插入块"命令将定义好的轴线符号插入到指定位置，并输入新的编号。

项目八

建筑施工图的绘制实例

本项目结合相关专业规范及制图要求，详细讲述绘制建筑施工图的方法、步骤和技巧。现以某住宅的平、立、剖面图及楼梯间详图的绘制过程为例介绍建筑施工图的绘制方法。

任务 1　工程图样板文件的创建

绘图前，可以选择一个 AutoCAD 2010 自带的样板文件开始图形的绘制工作。但是，为了满足不同行业的需要，用户最好制作自己的样板文件。创建样板文件的主要目的是把每次绘图都要进行的各种重复性工作以样板文件的形式保存下来，下一次绘图时，可直接使用样板文件的内容。这样，既可避免重复劳动，提高绘图效率，又保证了各种图形文件使用标准的一致性。

样板文件的内容通常包括图形界限、图形单位、图层、线型、线宽、文字样式、标注样式、表格样式、布局等设置以及绘制图框和标题栏。

一、创建样板文件

图形样板文件的扩展名为 .dwt。可以通过以下两种方式创建自己的样板文件。

(1) 利用现有图形创建图形样板文件。打开一个扩展名为 .dwg 的 AutoCAD 系统的普通图形文件，将不需要存为图形样板文件中的图形内容删除，然后另存文件，另存的"文件类型"选择为"图形样板"，即 .dwt。

(2) 创建一个包括原始默认值的新图形。打开一个新图形文件(使用公制默认设置)，根据需要进行必要的绘图环境设置及添加图形内容，然后保存文件，保存的"文件类型"选择为"图形样板"，即 .dwt。

二、设置建筑图的绘图环境

设置建筑图的绘图环境的主要内容如下：

(1) 设置图形界限。

(2) 设置单位、精度和绘图界限。

(3) 设置图层、线型和颜色。

(4) 设置系统变量，包括线型比例，尺寸标注比例，点符号样式、大小等。

(5) 标注样式。

(6) 绘制图框、标题栏。

【例 8-1】　创建 A3 图幅装订式，比例为 1∶100 的建筑图样板文件。

操作步骤：

(1) 创建新图形文件。执行菜单栏中的"文件"→"新建"命令，弹出"创建新图形"对话框，选择合适的样板文件。

(2) 设置单位、精度和绘图界限。单位和精度设置如图 8-1 所示，绘图界限为 420×297，采用 1∶100 比例绘图。

图 8-1　"图形单位"对话框

(3) 设置图层、线型与颜色。(仅供参考)

特粗线	红色	Continuous	0.7
粗实线	白色	Continuous	0.5
中粗线	蓝色	Continuous	0.25
细实线	绿色	Continuous	0.15
虚线	黄色	DASHED	0.25
中心线	红色	CENTER	0.15
尺寸线	青色	Continuous	0.15
文字	品红	Continuous	0.15

(4) 设置文字样式。(仅供参考)

| 汉字 | 仿宋-GB2312 | 宽度比例 | 0.67 |
| 数字与字母 | gbeitc.shx | 宽度比例 | 1 |

(5) 绘制图框和标题栏，并填写标题栏，标题栏如图 8-2 所示。(仅供参考)

图纸边界矩形为 420×297，装订式的图框左边留 25 mm，其余 5 mm。

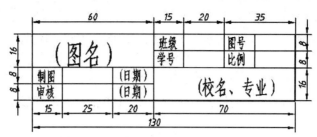

图 8-2　标题栏

(6) 设置标注样式。尺寸基线间距 7 mm，超出尺寸线 2 mm，起点偏移量 2 mm，固定长度的延伸线 8 mm，尺寸箭头采用建筑标记，大小 3 mm，尺寸数字 2.5 mm，文字样式为"数字与字母"，测量单位比例因子为 100。

(7) 保存样板图文件。

任务 2　建筑平面图的绘制

建筑平面图是表示建筑物在水平方向上房屋各部分的组合关系。在绘制时需根据房屋的立面图和剖面图进行分析绘制。

一、建筑平面图的形成

建筑平面图是建筑施工图的基本图样，它是假想用一水平的剖切平面在各层的门窗洞口之间将房屋剖开，移去剖切面以上的部分，将剩余的形体向水平投影面作正投影得到的全剖视图。平面图用于反映房屋的平面形状、大小和布置，墙、柱的位置、尺寸和材料，以及门窗的类型和位置等。

二、建筑平面图的组成

建筑平面图一般是由墙体、梁柱、门、台阶、坡道、窗、阳台、室内及厨卫布置、散水、雨篷和花台等，以及尺寸标注、轴线、说明文字等辅助图素组成的。如图 8-4 所示为某住宅的底层平面图。

1. 墙体

墙体按所处位置可分为内墙和外墙。墙体的厚度及所选择的材料应满足房屋的功能与结构要求，且符合有关标准的规定，如外墙可用 240、370，北方地区还可选用 480，非承重的内墙可用 120 或 180。

2. 梁柱

梁柱常见的截面形状有方形和圆形两种，大小尺寸依据结构确定，梁柱的位置根据房间结构及功能要求确定。相邻的梁柱之间的距离通常符合 300 的模数。

3. 门和窗

在建筑施工图中，通常需要为门窗定义编号。门的符号为 M，窗的符号为 C，可在编号后面跟上门窗的宽度和高度，如 C1523 表示宽为 1500、高为 2300 的窗；M0921 表示宽为 900、高为 2100 的门。

在绘图时，一般窗户的厚度与外墙的厚度相同，当墙遇窗时，墙线应断开(高侧窗除外)。

4．台阶与坡道

台阶是外界进入建筑物内部的主要交通要道，在绘制台阶时应按照实际的数量进行绘制。坡道的坡长、坡宽及坡度都有一系列的建筑规范，绘制好坡道的轮廓线后，应注明坡道上下行方向及坡度。

5．阳台

阳台是楼房建筑中各层房间用于与室外接触的小平台。由于阳台外露，为防止雨水从阳台进入室内，要求阳台的标高低于室内地面。

6．厨卫洁具

对于室内及厨卫的布置，可将相关设备定义为专门的图块，在需要时直接将图块插入到房间中即可。

7．散水和雨篷

散水用于排除建筑物周围的雨水，在底层平面图中应绘制出来。

雨篷是建筑物入口处位于外门上部用于遮挡雨水、保护外门免受雨水侵害的水平构件，悬挑或设柱支撑，在二层平面图中应绘制出来。

8．辅助图素

辅助图素主要包括尺寸标注、轴线、简单的文字说明、标高、剖切符号、指北针、坡度标注、房间名称、楼梯上下行方向示意、门窗编号和室内外布置等。

三、绘制建筑平面图的注意事项

1．线型正确

建筑平面图中主要涉及三种宽度的实线，粗实线为被剖切到的柱子、墙体的断面轮廓线；中粗实线为门窗的开启示意线；其余可见轮廓线为细实线。

2．尺寸标注

平面图的尺寸标注是其重要内容之一，必须规范注写，其线性标注分为外部尺寸和内部尺寸两大类。外部尺寸分三层标注：第一层为外墙上门窗的大小和位置尺寸；第二层为定位轴线的间距尺寸；第三层为外墙的总尺寸。要求第一道距建筑物最外轮廓线 10～15 mm，三道尺寸间的间距保持一致，通常为 7～10 mm。另外还有台阶、散水等细部尺寸。内部尺寸主要有内墙厚、内墙上门窗的定形及定位尺寸。另还需注明建筑物室内外地面的相对标高。

3．其他

在建筑物的底层平面图中应注意指北针、建筑剖视图的剖切符号、索引符号等的绘制。

四、绘制建筑平面图步骤

【例 8-2】　绘制如图 8-3 所示建筑平面图。

图 8-3 所示"某住宅底层平面图"为该房屋在一层的门窗洞口处水平剖切后的俯视图，从门洞大门进去有两个套间，每套间为四室两厅两卫的带错层户型。

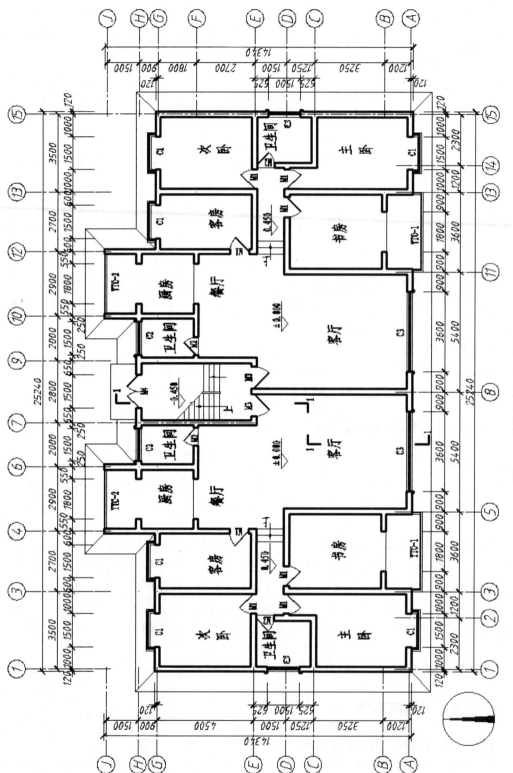

图8-3 某住宅底层平面图

　　绘制建筑平面图的一般步骤是：轴线、墙体、门窗、楼梯、室内设施、其他设施等、标注尺寸、轴线编号、指北针等。绘制过程如下：

　　(1) 绘图环境。调用"建筑工程图样板文件"开始画图。

　　(2) 绘制轴线。由于对称可以只绘制一半。以"轴线"为当前层，先以"直线"命令分别绘制一条水平轴线和一条垂直轴线，再"偏移"得到其他轴线，如图 8-4(a)所示，整理后，如图 8-4(b)所示。

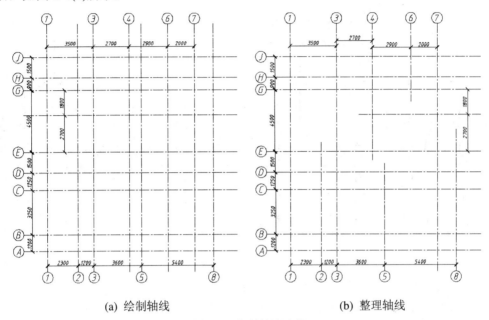

(a) 绘制轴线　　　　　　　　　　　　(b) 整理轴线

图 8-4　绘制轴线过程

　　(3) 绘制墙线。以"墙线"为当前层，先绘制外墙如图 8-5(a)所示，再绘制内墙，如图 8-5(b)所示。

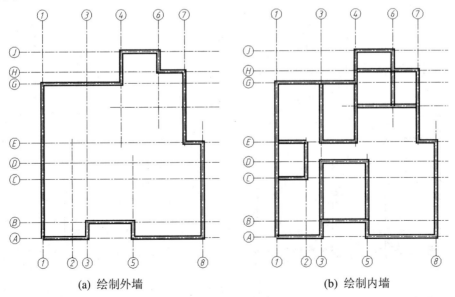

(a) 绘制外墙　　　　　　　　　　　　(b) 绘制内墙

图 8-5　绘制外墙过程

(4) 整理墙线，门窗开洞。如图 8-6 所示，先修剪墙体，再根据门窗的定位与定形尺寸确定门窗洞口。墙体的修剪可点击"修改"→"对象→"多线"，调用"多线"编辑命令编辑多线，无法用多线编辑命令编辑的多线可分解后编辑，然后利用"偏移"和"修剪"等命令绘制门窗洞口并插入门窗。

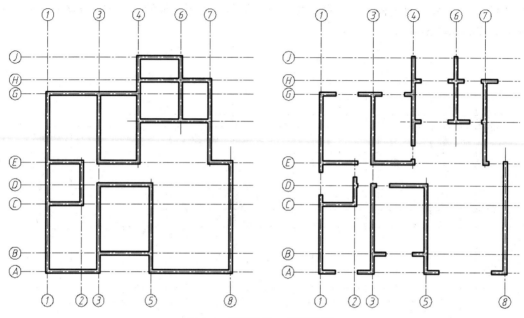

图 8-6　修剪墙体、门窗开洞

(5) 绘制门窗符号。如图 8-7 所示，可插入门窗块，也可在"门窗开启线"图层直接绘制。

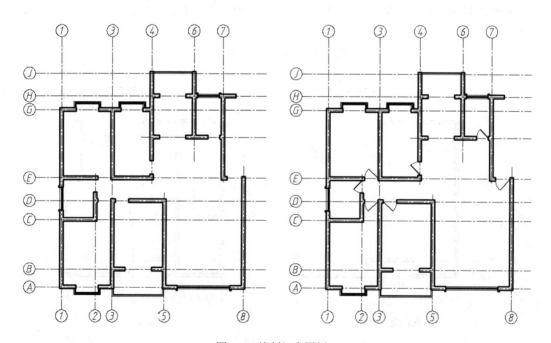

图 8-7　绘制门窗图例

(6) 其他。如图 8-8 所示，绘制散水等细部结构。

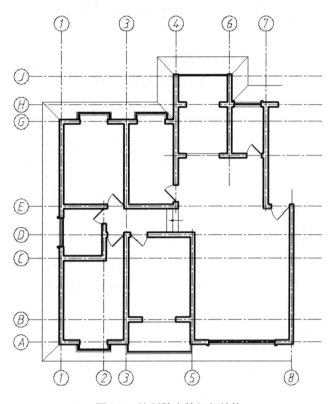

图 8-8　绘制散水等细部结构

(7) 镜像复制。完成一半图形后，利用"镜像"命令得到对称的另一半，如图 8-9 所示。

(8) 绘制楼梯、台阶，如图 8-10 所示。

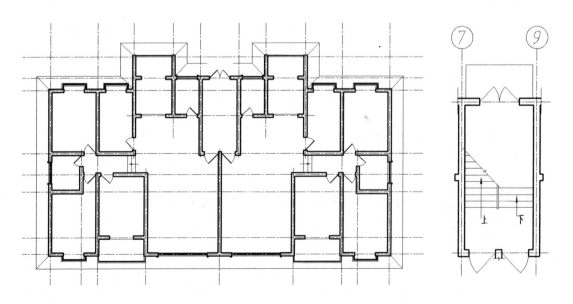

图 8-9　镜像复制得到另一半　　　　　　　　　　图 8-10　绘制楼梯

(9) 标注。以"尺寸线"层为当前层，标注尺寸，在"文字"图层标注图名等。

(10) 绘制指北针、剖切符号等内容，完成图形并保存文件。

任务3　建筑立面图的绘制

建筑立面图主要表示建筑物的立面效果。立面图的绘制是建立在建筑平面图的基础上的，它的尺寸在长度或宽度方向上受建筑平面图的约束，而高度方向上的尺寸需根据每一层的建筑层高及建筑部件在高度方向的位置而确定。

一、建筑立面图的形成

建筑立面图是将建筑物向平行于外墙面的投影面投影得到的正投影图，主要用来表示建筑物的外貌、门窗位置及形式、外墙面装饰布置、建筑的结构形式等。

二、建筑立面图的组成

在绘制建筑立面图时，应将建筑物各方向的立面绘制完全，差异小、不难推定的立面可省略。建筑立面图主要包括以下内容：

(1) 建筑物的外观特征。建筑立面图应将立面上所有看得见的细部都表现出来，但通常立面图的绘图比例较小，如门窗、阳台栏杆、墙面复杂的装饰等细部往往只用图例表示，它们的构造和做法，都应另有详图或文字说明。因此，习惯上往往对这些细部只分别画出一两个作为代表，其他都可简化，只需画出轮廓线。

(2) 建筑物各主要部分的标高。室内外地面、窗台、门窗顶、阳台、雨篷、檐口等处完成面的标高。

(3) 立面图两端的定位轴线及编号。

(4) 建筑立面所选用的材料、色彩和施工要求等，通常用简单的文字说明。

三、绘制建筑立面图的注意事项

1. 立面图的命名

建筑立面图的名称可按照立面所在的方位或按照两端轴线编号来确定。

2. 线型正确

为了层次分明，增强立面效果，建筑立面图中共涉及到四种宽度的实线：立面的最外轮廓线用粗实线；地坪线采用加粗实线(约为 1.4 倍的粗实线宽)；台阶、门窗洞口、阳台等有凸凹的构造采用中粗实线；门窗、墙面分隔线、雨水管等细部构造采用细实线。

3．与平面图中相关内容对应

建筑立面图的绘制离不开建筑平面图，在绘制建筑立面图的过程中，应随时参照平面图中的内容来进行，如门窗、楼梯等设施在立面图中的位置都要与平面图中的位置相对应。

4．标注

建筑立面图中只标注立面的两端轴线及一些主要部分的标高，通常没有线性标注。

四、绘制建筑立面图步骤

【例 8-3】　绘制如图 8-11 所示立面图。

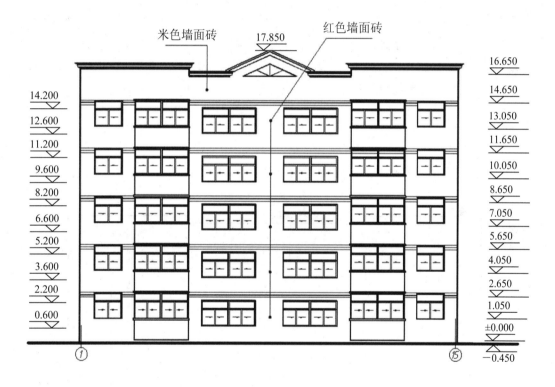

图 8-11　某住宅南立面图

如图 8-11 所示为某住宅的南立面图，即将建筑物的南外墙面向与其平行的投影面投影得到的图样。

绘制建筑立面图的步骤是：绘制楼层定位线、门窗、阳台、台阶、雨篷等，一般可先绘制一层的立面，再复制得到其他各楼层立面。绘制过程如下：

(1) 绘图环境。调用"建筑工程图样板文件"修改线型、线宽等格式，开始新图的绘制。

(2) 绘制定位轴线。为确定立面上门窗、阳台等位置，画出立面对应的轴线、各楼层的层面线以及室外地面线，如图 8-12 所示。

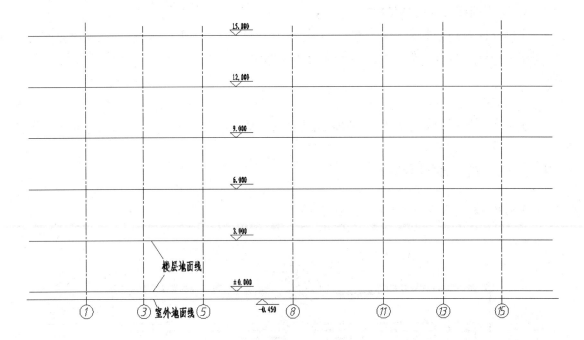

图 8-12 立面定位线

(3) 绘制立面的主要轮廓线，如图 8-13 所示。

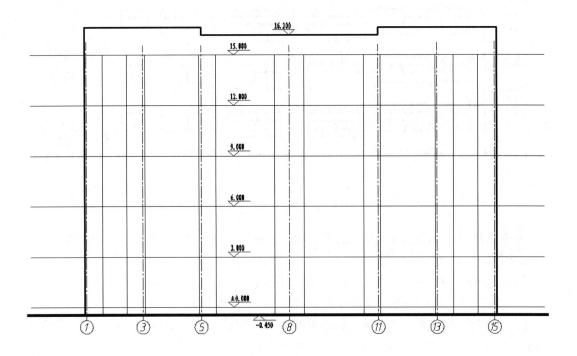

图 8-13 绘制立面的主要轮廓线

(4) 创建门窗、阳台立面图块，如图 8-14 所示。

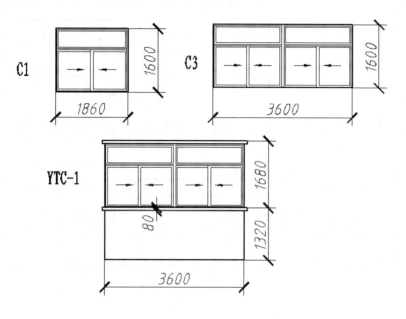

图 8-14　门窗、阳台立面

(5) 插入门窗、阳台立面图例，如图 8-15 所示。

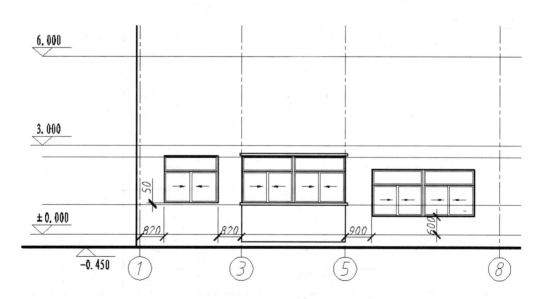

图 8-15　插入门窗、阳台

(6) 复制其他楼层。完成一层后复制得到其他各层立面，如图 8-16 所示。

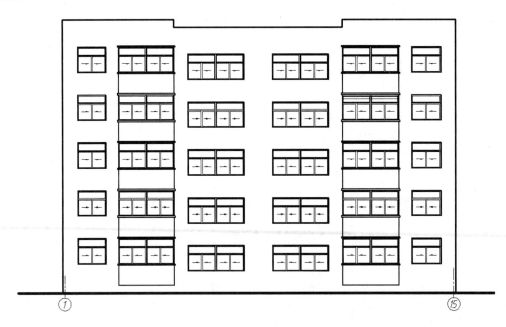

图 8-16　镜像、复制完成各层门窗

(7) 绘制雨篷、台阶。

(8) 绘制引条线。绘制装饰引条线，如图 8-17 所示。

图 8-17　绘制装饰引条线

(9) 标注。标注标高、简单的立面文字说明等。

(10) 完成图形并保存文件，如图 8-11 所示。

任务4　建筑剖面图的绘制

建筑剖面图用来表示建筑物在垂直方向上房屋内部各部分的组成关系。

一、建筑剖面图的形成

假想用一个或几个垂直于外墙轴线的铅垂剖切面将房屋剖开，向某一方向作正投影即得到剖面图。建筑剖面图主要是反映房屋内部构造的图样，因此剖切位置应选择在能反映出房屋内部构造比较复杂与典型的位置，其并应通过门窗洞口及楼梯间。

二、建筑剖面图的组成

建筑剖面图主要表示建筑物各部分的高度、层数和各部位的空间组合关系，以及建筑剖面中的结构、构造关系、层次和做法等。主要包括以下内容：

1.剖面图名称

剖面图的图名应与底层平面图上所标注剖切符号的编号一致。

2.墙、柱、轴线及编号

绘制出墙、柱、轴线及编号。

3.建筑物被剖切到的各构配件

各构配件包括室内外地面(包括台阶、明沟及散水等)、楼面层(包括吊天棚等)、屋顶层(包括隔热通风层、防水层及吊天棚等)；内外墙及其门窗(包括过梁、圈梁、防潮层、女儿墙及压顶等)；各种承重梁和连系梁、楼梯梯段及楼梯平台、雨篷、阳台以及剖切到的孔道、水箱等的位置、形状及其图例。一般不画出地面以下的基础。

4.建筑物未被剖切到的各构配件

未剖切到的可见部分包括看到的墙面及其凹凸轮廓、梁、柱、阳台、雨篷、门、窗、踢脚、勒脚、台阶(包括平台踏步)、雨水管，以及看到的楼梯段(包括栏杆、扶手)和各种装饰等的位置和形状。

5.竖直方向的线性尺寸和标高

线性尺寸主要有外部尺寸，即门窗洞口的高度；内部尺寸，即隔断、洞口、平台等的高度。标高应包含底层地面标高、各层楼面、楼梯平台、屋面板、屋面檐口、室外地面等。

三、绘制建筑剖面图的注意事项

1.线型正确

建筑剖面图中的实线只有粗细两种，被剖切到的墙、柱等构配件用粗实线；其他可见构配件用细实线。

2．与平面图、立面图中相关内容对应

建筑的平、立、剖面图相当于物体的三视图，因此建筑剖面图的绘制离不开建筑平面图、立面图，在建筑剖面图中绘制如门窗、台阶、楼梯等构配件时，应随时参照平面图、立面图中的内容确定各相应构配件的位置及具体的大小尺寸。因此，绘制剖面图必须结合平、立面图。

四、绘制建筑剖面图步骤

【例 8-4】 绘制如图 8-18 所示剖面图。

如图 8-18 所示为某住宅的 1-1 剖面图，剖切位置见底层平面图。

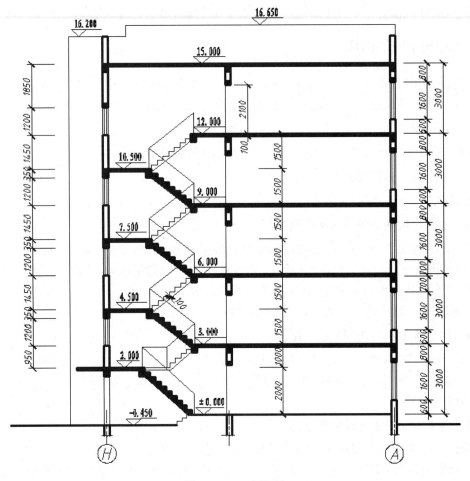

图 8-18 1-1 剖面图

绘制建筑剖面图的步骤是：绘制楼层定位线、墙体、楼面板、梁柱、门窗、楼梯等，一般可先绘制一层的剖面，再复制得到其他各楼层剖面。绘制过程如下：

(1) 绘图环境。调用"建筑工程图样板文件"修改线型、线宽等格式，开始新图的绘制。

(2) 绘制定位轴线，包括与该剖切位置对应的轴线、各楼层的层面线以及室外地面线，如图 8-19 所示。

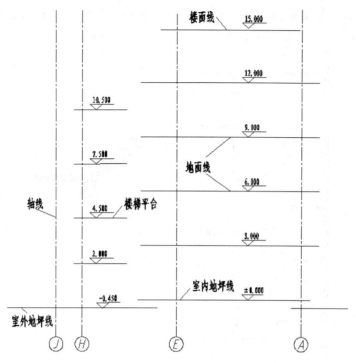

图 8-19 绘制剖面定位线

(3) 绘制墙体，楼板等，如图 8-20 所示。

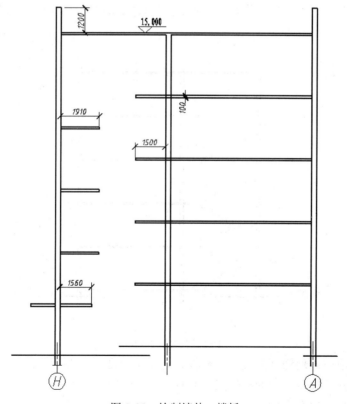

图 8-20 绘制墙体、楼板

(4) 绘制楼梯。如图 8-21 所示，楼梯的踢面高与踏面宽需按照梯段的水平投影长度、竖直投影的高度及台阶个数计算得到。

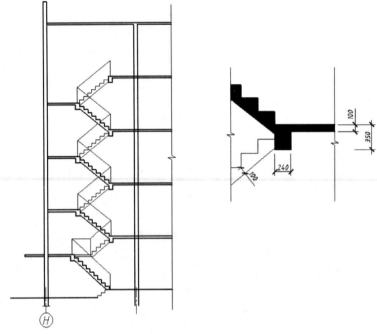

图 8-21 绘制楼梯

(5) 绘制门窗。插入"门窗"块或直接绘制剖切到的及未剖切到的门窗的立面图例，如图 8-22 所示。

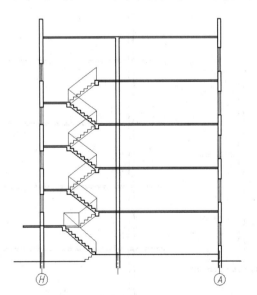

图 8-22 绘制门窗

(6) 填充。填充被剖切到的楼梯、楼板、过梁等，如图 8-23 所示。

(7) 标注。标注竖直方向的线性尺寸和标高。

(8) 完成图形并保存文件。

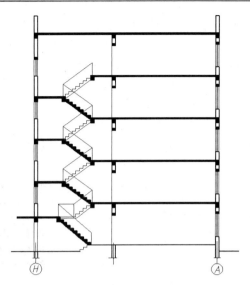

图 8-23　填充楼梯、楼板、过梁

任务5　建筑详图的绘制

建筑平面图、建筑立面图和建筑剖面图三图配合虽然表达了房屋的全貌，但由于所用的比例较小，房屋上的一些细部构造不能清楚地表现出来，因此还需要绘制建筑详图。

一、建筑详图的形成

在建筑施工图中，还应当把房屋的一些细部构造，采用较大的比例(1∶30、1∶20、1∶10、1∶5、1∶2、1∶1)将其形状、大小、材料和做法详细地表达出来，以满足施工的要求，这种图样称为建筑详图，又称为大样图或节点图。

二、建筑详图的组成

建筑详图是施工的重要依据，是对建筑平面图、立面图、剖面图等基本图样的深化和补充，因此详图的数量和图示内容要根据房屋构造的复杂程度而定。一幢房屋的施工图一般需要绘制以下几种详图：外墙身剖面详图、门窗详图、楼梯详图、台阶详图、厕浴详图以及装修详图等。

三、绘制建筑详图的注意事项

(1) 在绘制外墙身详图的过程中，应注意以下几点：

① 在多层房屋中，各层构造情况相同，可只画墙脚、中间部分和檐口三个节点。

② 门窗通常采用标准图集，在详图中采用省略方法画，即门窗在洞口处断开。

③ 图线：被剖切到的墙体、楼面板等用粗实线表示，其余细部构造细实线。

④ 多层构造的文字说明：屋面、楼面构造的做法由上层至下层分别用文字由上至下顺序说明。

⑤ 尺寸和标高：应标注檐口、窗洞、窗间墙、室外地坪的高度尺寸，檐口外挑尺寸等。窗洞虽然折断，但应标出其实际高度尺寸。檐口上下、窗上下、楼面、室外地坪等的标高也应标注出来。

⑥ 外墙身定位轴线，屋顶砌坡及散水的坡度应标明。

⑦ 详图中仍未表达清楚之处，还应引出索引符号，以更大比例的详图表示。

如图 8-24 所示为某外墙身节点详图。

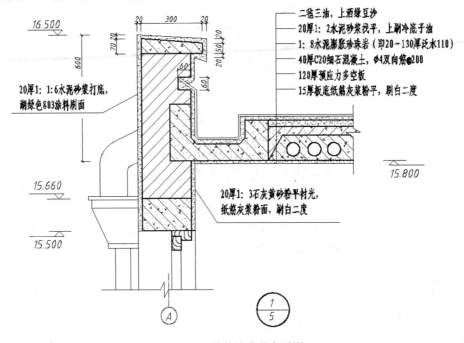

图 8-24 某外墙身节点详图

(2) 在绘制楼梯详图的过程中，应注意以下几点：

① 楼梯间的剖面详图是指用一个铅垂的剖切平面将楼梯的一个梯段和门窗洞口从上至下剖开，朝另一个未剖到的梯段投影，所画出的全剖视图。

② 屋面和相邻墙面一般不必画出，用折断线断开。

③ 楼梯间的平面详图和建筑平面图一样，实际上是楼梯间的水平剖面图。

④ 底层和中间层的楼梯间的平面详图剖切位置通常在该层往上走的第一梯段的中部高度(含楼梯间的窗户)进行剖切；顶层的楼梯间的平面详图通常在高于栏杆扶手之上的位置进行剖切。

⑤ 楼梯间平面详图的图示方法：在投影图中，在被剖到的上行梯段画一条与踢面线成30°的折断线，下行梯段则画出可见部分。每一梯段处画一长箭头，并注写"上"、"下"。

⑥ 楼梯间的平面详图需标注：楼梯间墙(柱)的定位轴线；开间、进深尺寸；各细部的详细尺寸和楼(地)面、休息平台的标高尺寸；梯段长度尺寸；踏面数和踏面宽尺寸合并注写为

$$梯段水平投影长 = 踏面数 \times 踏面宽$$

⑦ 底层平面图中还应注明楼梯剖面图的剖切位置，投影方向和编号。

图 8-25 所示的为某住宅楼梯间平面详图。

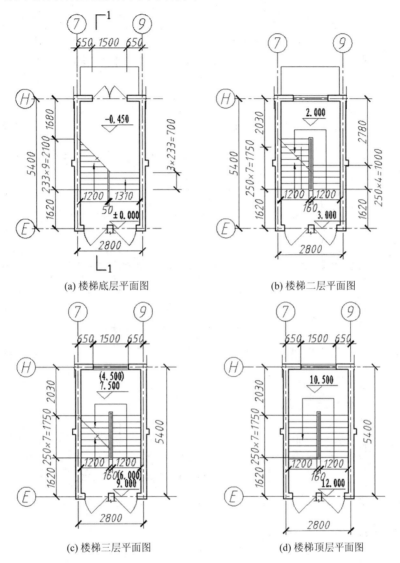

(a) 楼梯底层平面图   (b) 楼梯二层平面图

(c) 楼梯三层平面图   (d) 楼梯顶层平面图

图 8-25 某住宅楼梯间平面详图

实 训 8

实训 8.1 绘制房屋平面图

一、实训内容

用 A3 图幅，以 1∶100 的比例抄绘一层平面图，图中内部楼梯等未标注尺寸的部分自定，如图 8-26 所示。

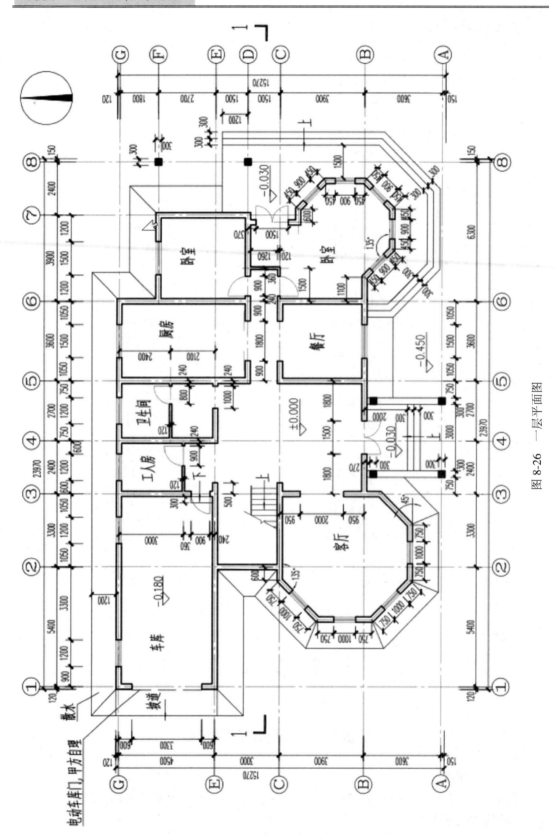

图 8-26 一层平面图

二、操作提示

(1) 打开建筑图样板文件。

(2) 绘制轴线。

(3) 绘制墙体。

(4) 绘制门窗。

(5) 绘制散水、阶梯、指北针等。

(6) 轴号及尺寸标注。

实训 8.2　绘制建筑平、立、剖面图

一、实训内容

用 A3 图幅，以 1：100 的比例抄绘房屋建筑平、立、剖面图，如图 8-27、图 8-28、图 8-29 所示。

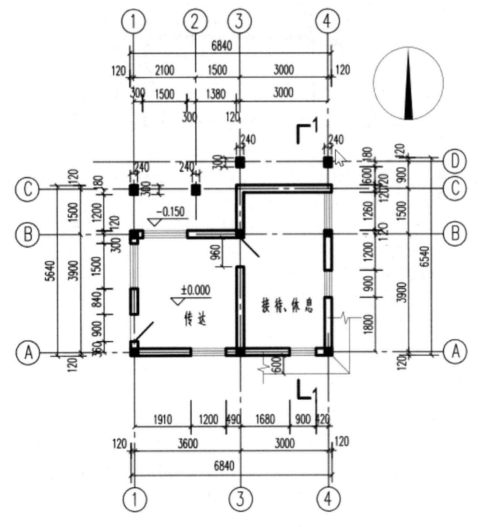

图 8-27　平面图 1：100

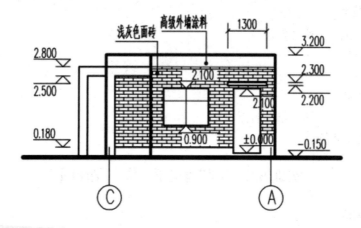

图 8-28   西立面图 1：100

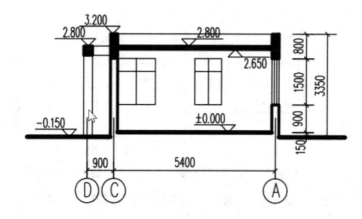

图 8-29   1-1 剖面图 1：100

二、操作提示

(1) 打开建筑图样板文件。

(3) 按照实训 1.1 的步骤绘制平面图。

(4) 绘制立面、剖面图。

(5) 标注尺寸。

项目九

水利工程图的绘制实例

任务1 溢流坝段剖面图的绘制

一、溢流坝绘制举例

【例9-1】 绘制如图9-1所示溢流坝剖面图。

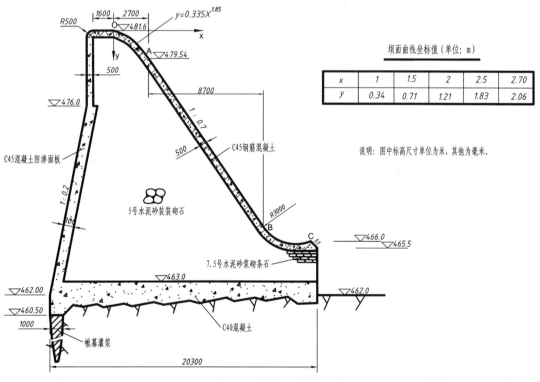

坝面曲线坐标值（单位：m）

x	1	1.5	2	2.5	2.70
y	0.34	0.71	1.21	1.83	2.06

说明：图中标高尺寸单位为米，其他为毫米。

图9-1 溢流坝剖面图

该溢流坝由上游混凝土防渗面板和钢筋混凝土溢流坝面及内部浆砌石组成，从绘图上看，绘制的内容包括上游面、下游溢流面、基底岩面、灌浆帷幕、内部填充、尺寸标注、文字标注及高程。上游面包括竖直线和斜线；下游溢流面是较复杂的，其包括OA曲线段，

AB 直线段和 BC 反弧段；基底岩面包括岩面线和岩面符号；灌浆帷幕比较深，为了在图中表示出来，中间用破折号断开；内部填充包括上游防渗面板混凝土、下游溢流面钢筋混凝土、基底垫层混凝土、坝体内部浆砌石和灌浆帷幕材料；图中尺寸标注单位为 mm，高程单位为 m，表中曲线坐标单位为 m，绘制时需换算单位为 mm；为了输入方便，绘图时按 1∶1 的比例，绘制好大体轮廓，缩放比例后，再经行填充和尺寸文字标注及注写高程，缩放比例为 1∶150。

二、绘图步骤

(1) 定位坐标原点 O。输入命令"ucs"，鼠标在图上点一下即为原点 O(0,0)，然后单击 X 正方向，再单击 Y 的负方向。

(2) 绘制溢流面曲线 OA。先根据表中点坐标绘制出各点，然后用样条曲线连接。

① 设置点样式。设置点样式和大小，以免点太小看不清楚，如图 9-2 所示。

② 画点。在命令行输入点坐标后回车，重复操作直到所有点输入完毕，如"0,0；1000,340；1500,710；2000,1210；2500,1830；2700,2060"，如图 9-3 所示。

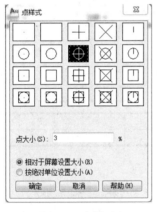
图 9-2　点样式

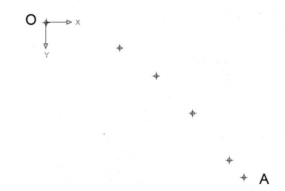
图 9-3　画点

③ 设置对象捕捉。右击状态栏"对象捕捉"，选中"节点"，如图 9-4 所示。

④ 用样条曲线连接。点击"样条曲线"命令，连接各点，如图 9-5 所示。

图 9-4　对象捕捉"节点"

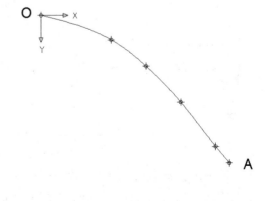
图 9-5　用样条曲线连接各点

⑤ 绘制线段 AB。用"直线"命令，点击 A 点，按坡比"1∶0.7"绘制一条斜线，AB 两点水平距离为 8700 mm，故在距离 A 点 8700 mm 处绘制一条竖向构造线，并把绘制的斜线延长至该构造线，交点即为 B 点，所得斜线即线段 AB，如图 9-6 所示。

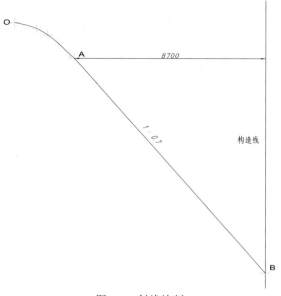

图 9-6　斜线绘制

⑥ 反弧段 BC 绘制。利用 B、C 两点找到圆心，再利用圆心、半径作圆，经修剪得到圆弧 BC。

a. 根据图中所给尺寸，绘出反弧段 BC 以外的轮廓线，即可得到 C 点。

b. 分别以 B、C 两点为圆心、3000 mm 为半径作圆，交点即为原点 O1(原理是以圆周上的点为圆心作的圆一定会经过圆心)，以 O1 为圆心、3000 mm 为半径作圆，修剪后得到反弧段 BC，如图 9-7 和图 9-8 所示。

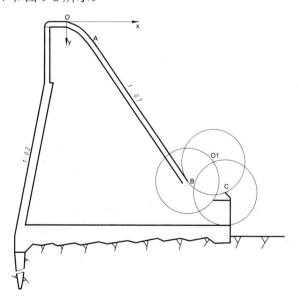

图 9-7　求 C 点

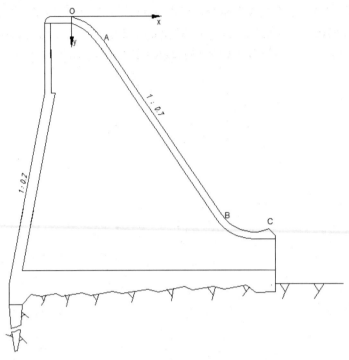

图9-8　绘制BC段

⑦ 填充。填充前将图形缩放，比例为1:150，该断面填充包括混凝土、钢筋混凝土、浆砌石、浆砌块石、帷幕灌浆等，如图9-9所示。

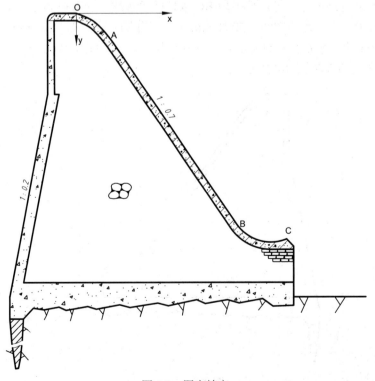

图9-9　图案填充

⑧ 文字注写。

⑨ 创建"高程符号"的块并插入该块，如图 9-10 所示。

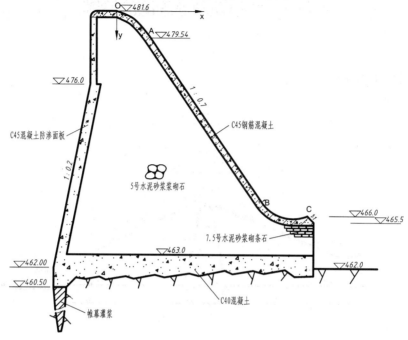

图 9-10　文字及高程注写

⑩ 尺寸标注，最后结果如图 9-11 所示。

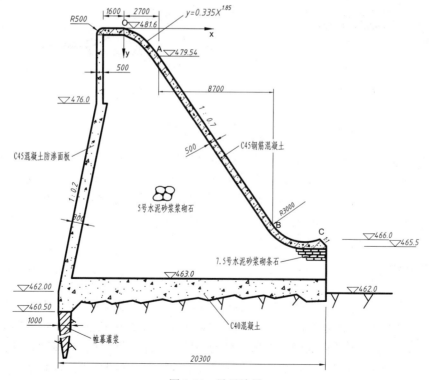

图 9-11　最后结果

任务 2 土石坝剖断面图的绘制

一、土石坝绘制举例

【例 9-2】 绘制如图 9-12 所示的土石坝横断面图。

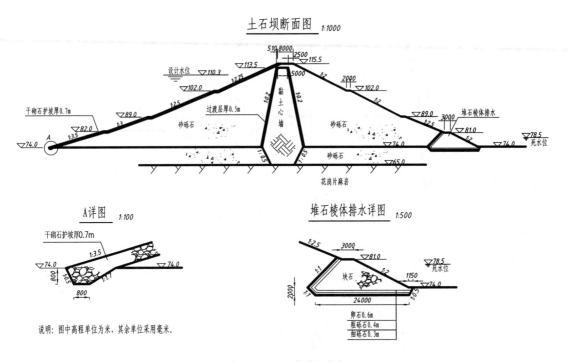

图 9-12 土石坝断面图

本土石坝是由黏土心墙防渗体、砂砾石填充料坝体、干砌石护坡护脚和堆石排水棱体组成，绘制内容包括土坝断面图、两个详图(坝脚和排水棱体)、文字和尺寸注写。图中标注尺寸单位为 mm，高程单位为 m，由于图形实物尺寸较大，选择绘图比例为 1∶1000，绘图时，输入的所有图形尺寸都应在标注尺寸基础上除以 1000。

二、绘图步骤

(1) 绘制轮廓。先从坝脚高程 74.0 m 处开始，第一条斜线绘制，以坡比 1∶3.5 任意画一条斜线，在高程 84.0 m 处绘制一条水平构造线，然后将斜线延长(斜线短)或剪短(斜线长)，绘制到坝顶，再绘制下游轮廓线，然后是黏土心墙，再绘制坝基面、岩基面。用"偏移"命令绘制护坡和反滤层，用"修剪"命令剪除多余的线段，结果如图 9-13 所示。

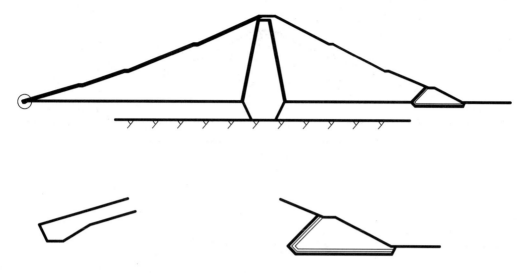

图 9-13　土石坝断面图

（2）为了能把图形放在标准的 A3 图框里，且大小合适，土石坝断面图比例已是
1∶1000，不做调整，详图 A 和详图排水棱体若按 1∶1000 的比例绘制，需要缩放，比例
变成 1∶100 和 1∶500。

（3）填充材料。单击绘图工具栏中的【填充】按钮 🔲，选中图案，角度设为"45"，
比例设为"0.5"，如图 9-14 所示，用"添加：拾取点"的方式选择填充区域(在区域内单击)，
点击【确定】按钮即可。若只想填充部分符号来表示，可以绘制一个封闭图形，待填充完，
把封闭图形删除。干砌石填充同黏土心墙填充，角度设为"0"，比例设为"0.25"，如图 9-15
所示。最后填充砂砾石，填充完如图 9-16 所示。

图 9-14　土心墙填充

图 9-15　干砌石填充

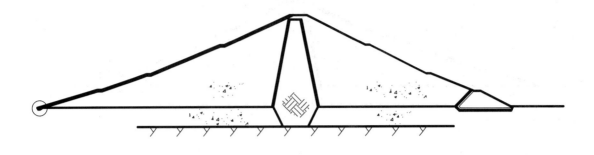

图 9-16　材料填充

(4) 文字注写。

(5) 创建并插入块。过程同例 9-1，结果如图 9-17 所示。

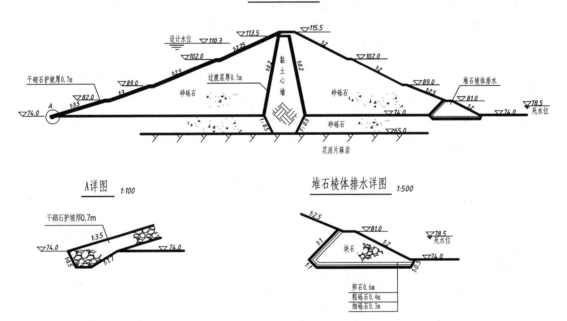

图 9-17　插入块及注写文字

(6) 尺寸标注。点击"常用"→"注释"→"标注样式"命令，创建标注样式，由于土石坝横断面图的比例为 1∶1000，新建标准样式"1000"，设置线、符号和箭头、文字、调整和主单位的样式。详图 A 坝脚比例为 1∶100，排水棱体详图比例为 1∶500，标注样式里线、符号和箭头、文字、调整四项设置同比例 1∶1000，而主单位的样式设置分别为 100 和 500。

(7) 检查修改。删除辅助线等，图形放入标准 A3 图框里，最后结果如图 9-18 所示。

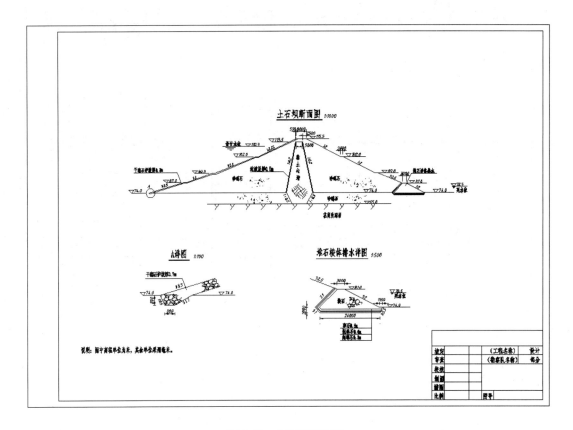

图 9-18　土石坝断面图

任务3　水闸的绘制

一、水闸绘制举例

【例 9-3】　绘制如图 9-19 所示的水闸设计图。

绘图内容包括水闸平面图、剖视图、断面图、文字和尺寸的注写。图中的标注尺寸单位为 mm，高程单位为 m。由于图形的实物尺寸较大，选择绘图比例为 1∶100，即绘图时，输入的所有图形尺寸都应在标注尺寸基础上除以 100。

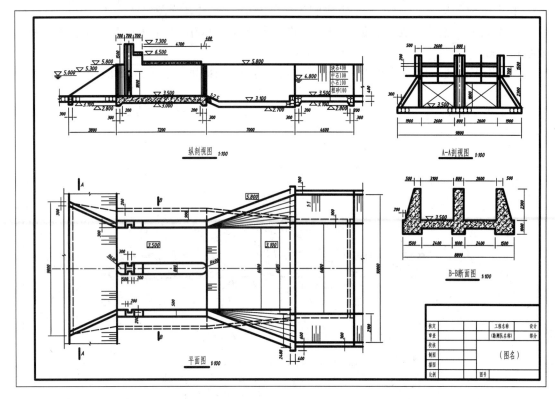

图 9-19　水闸设计图

二、绘图步骤

(1) 平面图的绘制，具体步骤如下：

① 轴线的绘制。把"点划线"图层置于"当前"图层，用"直线"命令绘制轴线。

② 半平面图的绘制。用"直线"和"偏移"命令绘制半个平面图，把各线的图层换成相关图层，例如，素线和示坡线的绘制，需要将细实线层置于当前层，用"修剪"命令修剪多余线段，用"圆角"、"镜像"、"修剪"等命令绘制闸墩圆弧，如图 9-20 所示。

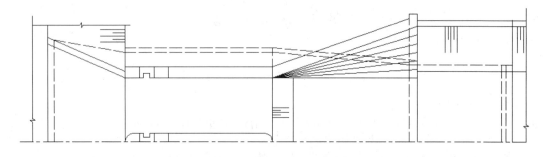

图 9-20　半平面图

③ 水闸整体轮廓绘制。输入"镜像"命令，选择对象为所绘制的半平面，以轴线为镜像线作镜像就得到如图 9-21 所示的图形。

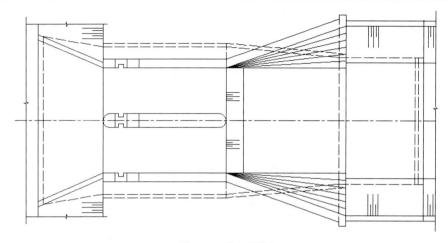

图 9-21 全平面图

(2) 纵剖视图的绘制。用"直线"和"偏移"命令绘制纵剖视图，注意示坡线、素线和折断线为细实线，用"修剪"命令修剪多余线段，如图 9-22 所示。

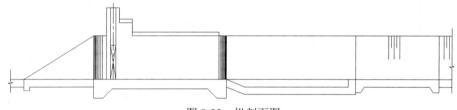

图 9-22 纵剖面图

(3) A-A 剖视图及 B-B 断面图的绘制。用"直线"、"偏移"和"修剪"命令绘制 A-A 剖视图的左半部分，以轴线为镜像线作"镜像"就可以得到 A-A 剖视图，同理可绘制 B-B 断面图，如图 9-23 所示。

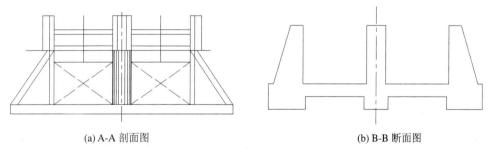

(a) A-A 剖面图　　　　　　　　　　　(b) B-B 断面图

图 9-23 A-A 剖视图和 B-B 断面图

(4) 材料填充，具体步骤如下：

① 干砌石和浆砌石。干砌石的材料需要用"样条曲线"或"椭圆"命令自行绘制，浆砌石在干砌石的周围建封闭图形并"填充"SOLID，结果如图 9-24 所示。

② 钢筋混凝土。输入"填充"命令，选择需要填充的范围，设置填充图形混凝土和 45°斜线分两次填充，结果如图 9-24 所示。

(5) 文字的标注。

(6) 创建并插入块，结果如图 9-25 所示。

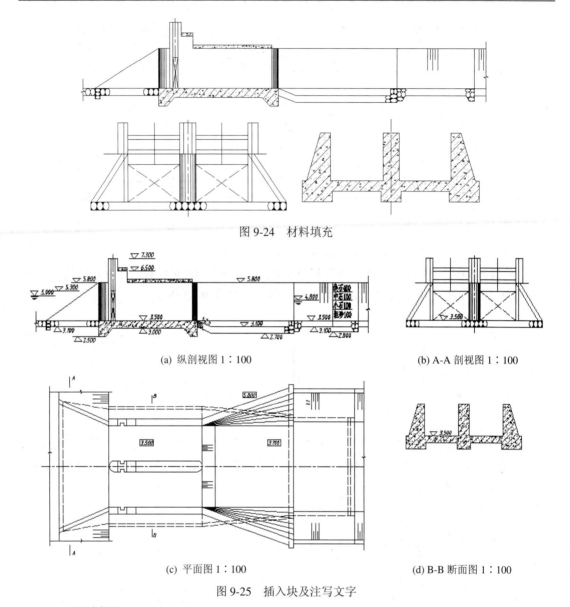

图 9-24　材料填充

(a) 纵剖视图 1∶100

(b) A-A 剖视图 1∶100

(c) 平面图 1∶100

(d) B-B 断面图 1∶100

图 9-25　插入块及注写文字

(7) 尺寸标注。

(8) 检查修改。删除辅助线等，图形放入标准 A3 图框里，最后结果如图 9-19 所示。

实　训　9

实训 9.1　绘制溢流坝剖面图

一、实训内容

用 A3 图幅，以 1∶500 的比例抄绘碾压混凝土溢流坝横剖面图，如图 9-26 所示。

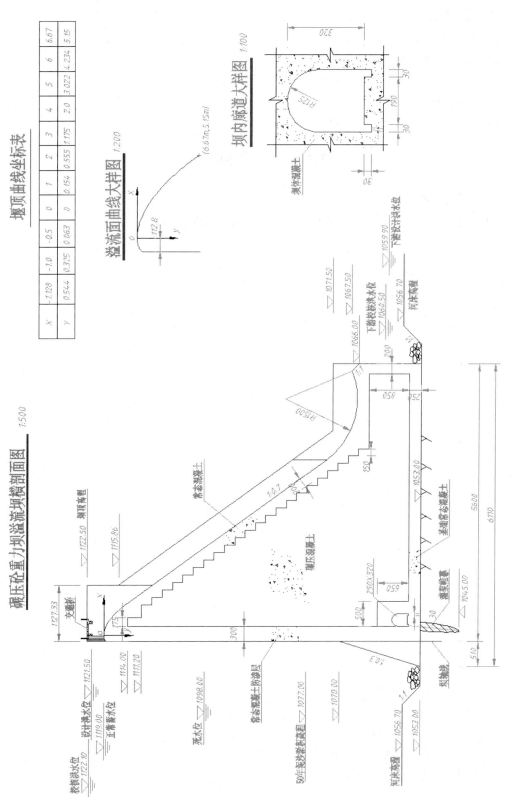

图 9-26　碾压混凝土溢流坝横剖面图 1：500

二、操作提示

(1) 打开水利工程图样板文件。

(2) 绘制混凝土溢流坝横剖面图。

(3) 其中溢流面曲线、坝内廊道部分参考大样图绘制。

(4) 绘制堰顶曲线坐标表。

(5) 文字注写、填充、标注尺寸。

实训 9.2　绘制水闸设计图

一、实训内容

用 A3 图幅，以 1∶10 的比例抄绘水闸设计图，如图 9-27 所示。

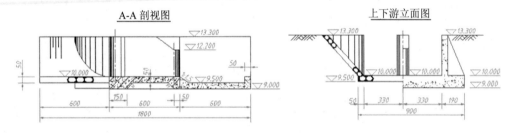

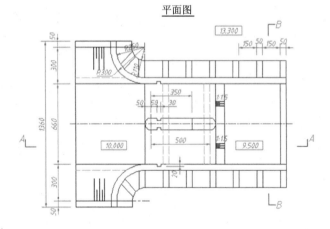

图 9-27　水闸设计图

二、操作提示

(1) 打开水利工程图样板文件。

(2) 绘制平面图。

(3) 绘制 A-A 纵剖视图。

(4) 绘制上下游立面图、B-B 断面图。

(5) 文字注写、填充、标注尺寸。

项目十

三维图形的绘制与编辑

随着 AutoCAD 2010 三维绘图功能的增强，在工程初步设计阶段，利用 CAD 将设计方案制作成三维模型，找出设计方案中不合理之处并加以修改，使方案最优化的运用将会越来越广泛。AutoCAD 2010 可以建立三种形式的三维模型，即线框模型、表面模型和实体模型。其中线框模型是三维对象的轮廓描述，是用二维绘图的方法建立模型，没有面和体的特征，也不能进行消隐、渲染等操作；曲面模型不仅定义了三维对象的边界也定义了它的表面，具有面的特征，但它只是一个表面的空壳，不能进行布尔运算；实体模型不仅具有线和面的特征，还具有体的特征，不仅可以对这种模型添加材质和进行渲染，加强了对象的可观性；同时其中还包含了数字信息，用于分析模型的质量特征，如体积、重心、惯性矩等。本项目主要介绍如何绘制实体模型。

任务 1 三维绘图基础

一、三维坐标系

1．执行途径

在绘制三维图形的过程中，由于绘制的需要，需要进行用户坐标系的设置和变更。AutoCAD 允许建立自己专用的坐标系，即通过定义用户坐标系(UCS)来更改原点(0，0，0)的位置、XY 平面的位置和旋转角度以及 XY 平面或 Z 轴的方向。正确建立用户坐标系是建立三维模型的关键，熟悉老版本的用户可以在 AutoCAD 经典界面中通过以下途径执行命令。

- 在"UCS"工具栏中单击命令按钮 。
- 从"工具"下拉菜单中选取"新建 UCS"中的命令。
- 在命令行中输入"ucs ∠(回车)"。

2．命令操作

AutoCAD 2010 专门为三维建模设置了绘图空间，单击右下角的"工作空间"下拉列表，选择"三维建模"后，点击"视图"面板，根据需要选择命令按钮，如图 10-1 所示。

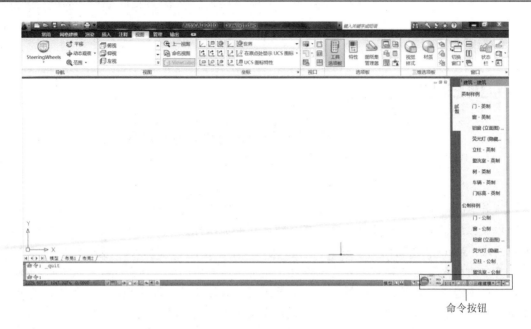

命令按钮

图 10-1 "三维建模"工作空间的"视图"界面

执行命令后，命令行提示信息及操作步骤如下：

命令: ucs

当前 UCS 名称: *世界*

指定 UCS 的原点或 [面(F)/命名(NA)/对象(OB)/上一个(P)/视图(V)/世界(W)/X/Y/Z/Z 轴(ZA)] <世界>:

其中各选项含义如下：

(1) 面(F)：该选项用于将用户坐标系与三维实体上的面对齐。

(2) 命名(NA)：该选项用于按名称保存并恢复通常使用的 UCS 方向。输入"na"后回车，有如下命令：

输入选项 [恢复(R)/保存(S)/删除(D)/?]:S✓

输入保存当前 UCS 的名称或[?]: (输入名称，名称最多可以包含 255 个字符)

(3) 对象(OB)：该选项用于将用户坐标系与选定的对象对齐。

(4) 上一个(P)：该选项用于恢复上一个 UCS。

(5) 视图(V)：该选项用于将用户坐标系的 XY 平面与垂直于观察方向的平面对齐。

(6) 世界(W)：该选项用于将用户坐标系恢复为世界坐标系。

(7) X/Y/Z：输入该选项将绕指定轴旋转当前 UCS。

(8) Z 轴(ZA)：该选项用于将用户坐标系与指定的正 Z 轴对齐。输入"za"后回车，有如下命令：

指定新原点或 [对象(O)] <0,0,0>:

在正 Z 轴范围上指定点<0.0000,0.0000,1.0000>:

注意：其他视口保存有不同的 UCS 时，将当前 UCS 设置应用到指定的视口或所有活动视口。

二、三维图形的观察与显示

在三维建模模式下，除了通过变化用户坐标系的方法方便绘图外，还可以通过变换三维图形的观察方向，从而使绘图更加快速。

(一) 选择预定义的三维视图

为了从不同角度观察三维图形，AutoCAD 预设了六种正交视图和四种等轴测视图，如图 10-2 所示。其执行途径有以下三种：

- 在"视图"工具栏中单击命令按钮 。
- 从"视图"下拉菜单中选取"三维视图"中的相应命令。
- 在"三维建模空间"面板中单击"视图"区域中的各命令按钮。

(a) 从"视图"下拉菜单中选取"三维视图"　　　(b) 三维建模空间面板中的"三维视图"

图 10-2　选择"三维视图"

(二) 动态观察

1. 执行途径

除了上面 10 个常用的观察视角，在不确定使用何种角度观察图形的时候，可以使用动态观察，如图 10-3 所示。其执行途径有以下三种：

- 在"动态观察"工具栏中单击命令按钮 。
- 从"视图"下拉菜单中选取"动态观察"中的相应命令。
- 在"三维建模空间"面板中单击"导航"区域各命令按钮。

(a) 从"视图"下拉菜单中选取"动态观察"　　　(b) "三维建模空间"面板中的"动态观察"

图 10-3　选择"动态观察"

2．命令说明

其中各命令功能如下：

(1) "受约束的动态观察"：沿 XY 平面或 Z 轴约束三维动态观察，在该方式下，视图的目标将保持静止，而视点将围绕目标移动。但是，看起来好像三维模型正在随着鼠标光标的拖动而旋转。如果水平拖动光标，则相机将平行于世界坐标系(WCS)的 XY 平面移动；如果垂直拖动光标，则相机将沿 Z 轴移动。

(2) "自由动态观察"：三维自由动态观察视图显示一个导航球，它被更小的圆分成四个区域。在导航球的不同部分之间移动光标将更改光标图标，以指示视图旋转的方向。

(3) "连续动态观察"：在绘图窗口中单击并沿任意方向拖动定点设备，可使对象沿拖动的方向移动。释放定点设备上的按钮，对象在指定的方向上继续进行它们的轨迹运动。光标移动的速度决定了对象的旋转速度，可通过再次单击并拖动来改变连续动态观察的方向。在绘图窗口中右击并从快捷菜单中选择相应的命令，也可以修改连续动态观察的显示。

（三）视觉样式

1．执行途径

用户可以选择观察三维对象的视觉样式，如图 10-4 所示。执行途径有以下三种：

- 在"视觉样式"工具栏中单击命令按钮 。
- 从"视图"下拉菜单中选择"视觉样式"中的相应命令。
- 单击"三维建模空间"面板中的"视觉样式"区域内的各命令按钮。

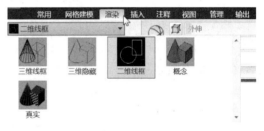

(a) 从"视图"下拉菜单中选取"视觉样式"　　　　(b) "三维建模空间"面板中的"视觉样式"

图 10-4　视觉样式

2．命令说明

其中各命令功能如下：

(1) "三维线框"：显示用直线和曲线表示边界的对象。在该样式下，光栅、OLE 对象、线型和线宽都是不可见的，UCS 显示为一个着色的三维图标。

(2) "三维隐藏"：显示用三维线框表示的对象并隐藏表示后向面的线。该命令与"视图"→"消隐"命令效果相似，但此时 UCS 为一个着色的三维图标。

(3) "二维线框"：显示用直线和曲线表示边界的对象。在该样式下，光栅、OLE 对象、线型和线宽都是可见的。

(4) "真实"：显示着色后的多边形平面间的对象，并使对象的边平滑，同时显示已经附着到对象上的材质效果。

(5) "概念"：显示着色后的多边形平面间的对象，并使对象的边平滑化。该视觉样式效果缺乏真实感，但是可以方便用户查看模型的细节。

三、创建多视口

为了便于造型，AutoCAD 2010 还为用户提供了多视口功能。多视口是把屏幕划分成若干矩形框，用这些视口可以分别显示同一图样的不同观察方向。当在三维建模空间工作时，多视口是非常有用的。多视口可在不同的视口中分别建立主视图、俯视图、左视图、右视图、仰视图、后视图及轴测图等。在多视口中无论在哪一个视口中绘制或编辑图形，其他视口中的图形也将随之变化。

1. 执行途径

- 执行菜单栏中的"视图"→"视口"→"新建视口"命令。
- 在命令行中输入命令"Vports ✓(回车)"。
- 单击"三维建模空间"面板中的"视口"区域命令按钮，如图 10-5 所示。

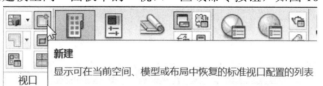

图 10-5 "三维建模空间"面板中的"新建视口"

2. 命令操作

执行"新建视口"命令后，打开"视口"对话框，如图 10-6 所示。在"新名称"文本框中输入新建视口的名称，然后在"标准视口"列表框中选择一项所需的视口，选中后，该视口的形式将显示在右边的"预览"框中。

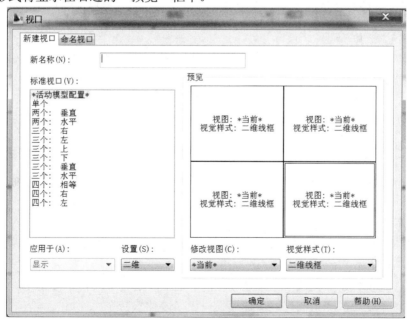

图 10-6 "视口"对话框

给每个视口分别设置一种视图或一种等轴测图。首先在"设置"下拉列表框中选择"三维"选项,在"预览"框中会看到每个视口已由 AutoCAD 自动分配给一种视图。若这种设置不是所希望的,可用下列方法重新设置:将光标移至需要重新设置视图的视口中单击左键,即先将该视口设置为当前视口(黑色边框显亮),然后从"视口"对话框的"修改视图"下拉列表框中选择一项,该视口将被设置成所选择的视图或等轴测图。

根据需要修改完成后,单击【确定】按钮,完成多视口的创建。在创建三维模型的过程中,在任一视口内进行图形修改,其修改的结果将在其他视口内同步完成。

任务 2 基本实体造型

AutoCAD 2010 提供的基本实体包括多段体、长方体、楔体、圆锥体、球体、圆柱体、圆环体和棱锥面。用户可以对这些基本实体进行布尔运算,生成更为复杂的实体。其执行途径有以下三种:

- 执行菜单栏中的"绘图"→"建模"子菜单内的相应命令,如图 10-7 所示。
- 单击"三维建模空间"面板中的"建模"区域内的各命令按钮,如图 10-8 所示。
- 单击"建模"工具栏中的各命令按钮 。

图 10-7 "建模"子菜单　　　　　图 10-8 "三维建模空间"面板"建模"

一、多段体

1. 执行途径

- 单击"建模"工具栏或"三维建模空间"面板中的【多段体】按钮 ▧。
- 执行菜单栏中的"绘图"→"建模"→"多段体"命令。
- 在命令行中输入命令"polysolid ✓(回车)"。

2. 命令操作

执行命令后，命令行中会提示当前多段体的高度、宽度以及当前绘制的多段体采用的对正方式(通过选项可修改这些值)并同时提示：

指定起点或 [对象(O)/高度(H)/宽度(W)/对正(J)] <对象>:

其中各选项含义如下：

(1) 指定起点：默认选项，可以用像画多段线一样的方法来绘制多段体，默认通过指定一系列点绘制出直线段，也可切换到"圆弧"状态下绘制曲线段，多段体可以包含曲线线段，但是默认情况下轮廓始终为矩形。图 10-9 为直线段与圆弧段相连的多段体以三维隐藏样式显示的效果(高度=100，宽度=40，对正=居中)。

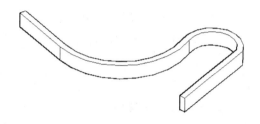

图 10-9　多段体

(2) 对象(O)：该选项用于指定要转换为多段体的对象。可以选择直线、二维多线段、圆弧或圆转换为具有矩形轮廓的实体。

(3) 高度(H)：该选项用于指定多段体的高度。

(4) 宽度(W)：该选项用于指定多段体的宽度。

(5) 对正(J)：使用该命令可重新将多段体的宽度和高度设置为左对正、右对正和居中，默认为居中对正方式。

注意：多段体可以包含曲线段，但是在默认情况下轮廓始终为矩形。

二、长方体

1. 执行途径

- 单击"建模"工具栏或"三维建模空间"面板中的【长方体】按钮 。
- 执行菜单栏中的"绘图"→"建模"→"长方体"命令。
- 在命令行中输入命令"box ↙(回车)"。

2. 命令操作

执行命令后，命令行提示信息及操作步骤如下：

指定第一个角点或 [中心(C)]: (在该提示下可以输入长方体的一个角点或输入 C 以指定长方体的中心点的形式来构建长方体)

默认情况下通过指定角点来绘制长方体，当指定了长方体的一个角点后，继续提示：

指定其他角点或 [立方体(C)/长度(L)]:

其中各选项含义如下：

(1) 指定其他角点：该选项用于将根据指定点的位置来创建长方体，若该角点与第一角点在同一平面上，则还要求指定长方体的高度。若该角点与第一角点不在同一平面上，则系统将以这两个角点作为长方体的对角点创建出长方体。

(2) 立方体(C)：该选项用于通过指定立方体的边长创建长方体。

(3) 长度(L)：该选项用于通过指定长方体的长、宽、高来创建长方体。

指定高度或 [两点(2P)]: (在该提示下输入高度或者在屏幕上左键单击选择某一指定点)

三、圆柱体

1. 执行途径

- 单击"建模"工具栏或"三维建模空间"面板中的【圆柱体】按钮 。
- 执行菜单栏中的"绘图"→"建模"→"圆柱体"命令。
- 在命令行中输入命令"cylinder ∠(回车)"。

2. 命令操作

执行命令后，命令行提示信息及操作步骤如下：

指定底面的中心点或 [三点(3P)/两点(2P)/相切、相切、半径(T)/椭圆(E)]: (在该提示下确定圆柱体的底面，方法与绘制圆锥体底面完全相同)

确定了圆柱体底面后，继续提示：

指定高度或 [两点(2P)/轴端点(A)] :

其中各选项含义如下：

(1) 指定高度：默认选项，输入圆柱体的高度值。

(2) 两点(2P)：该选项用于回到绘图窗口拾取两个点，这两个点的连线长度将作为圆柱体高度。

(3) 轴端点(A)：指定圆柱体另一底面的中心点位置，中心点位置的连线方向将作为圆柱体的轴线方向，如图 10-10 所示。

 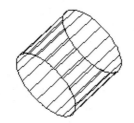 

(a) 圆柱体   (b) 指定轴端点的圆柱体   (c) 椭圆柱体

图 10-10 圆柱体

四、圆锥体

1. 执行途径

- 单击"建模"工具栏或"三维建模空间"面板中的【圆锥体】按钮 。
- 执行菜单栏中的"绘图"→"建模"→"圆锥体"命令。

• 在命令行中输入命令"cone ✓(回车)"。

2. 命令操作

执行命令后，命令行提示信息及操作步骤如下：

指定底面的中心点或 [三点(3P)/两点(2P)/相切、相切、半径(T)/椭圆(E)]：

其中各选项含义如下：

(1) 指定底面的中心点：默认选项，通过指定底面中心点、底面半径或直径来定义圆锥体的底面。

(2) 三点(3P)：该选项用于通过指定三个点来定义圆锥体的底面周长和底面。

(3) 两点(2P)：该选项用于通过指定两个点来定义圆锥体的底面直径。

(4) 相切、相切、半径(T)：该选项通过捕捉两个已知的相切对象并指定半径来确定圆锥体的底面。

(5) 椭圆(E)：该选项用于指定圆锥体的椭圆底面。底面椭圆的绘制与平面图形中的椭圆命令操作方法相同。

利用以上方法指定了底面后，继续提示：

指定高度或 [两点(2P)/轴端点(A)/顶面半径(T)]：

其中各选项含义如下：

(1) 指定高度：该选项用于默认直接输入数值作为圆锥体的高度。

(2) 两点(2P)：该选项用于回到绘图窗口拾取两点作为圆锥体的高度。

(3) 轴端点(A)：选择该项可指定圆锥体的轴端点，底面中心点与轴端点的连线将作为圆锥体的轴线。

(4) 顶面半径(T)：该选项用于指定圆锥体的顶面半径，若顶面半径不为零，则可以绘制出圆锥台，如图 10-11 所示。

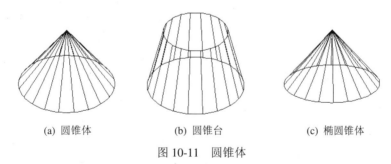

(a) 圆锥体　　　　　(b) 圆锥台　　　　　(c) 椭圆锥体

图 10-11　圆锥体

五、球体

1. 执行途径

• 单击"建模"工具栏或"三维建模空间"面板中的【球体】按钮○。

• 执行菜单栏中的"绘图"→"建模"→"球体"命令。

• 在命令行中输入命令"sphere ✓(回车)"。

2. 命令操作

执行命令后，命令行提示信息及操作步骤如下：

指定中心点或 [三点(3P)/两点(2P)/相切、相切、半径(T)]:

其中各选项含义如下：

(1) 指定中心点：默认选项，通过指定球体的中心点、球体的半径或直径来绘制球体。

(2) 三点(3P)：该选项用于通过在三维空间的任意位置指定三个点来定义球体的圆周，这三个指定点还定义了圆周平面。

(3) 两点(2P)：该选项用于通过在三维空间的任意位置指定两个点来定义球体的圆周，圆周平面由第一个点的 Z 值定义。

(4) 相切、相切、半径(T)：该选项可定义具有指定半径，且与两个对象相切的球体。

如图 10-12 所示为在调整系统变量 ISOLINES=20 时，在二维线框视觉样式下球体的显示效果。

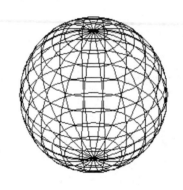

图 10-12　圆球

六、棱锥体

1. 执行途径

- 单击"建模"工具栏或"三维建模空间"面板中的【棱锥体】按钮。
- 执行菜单栏中的"绘图"→"建模"→"棱椎体"命令。
- 在命令行中输入命令"pyramid ∠(回车)"。

2. 命令操作

执行命令后，命令行提示信息及操作步骤如下：

4 个侧面　外切

指定底面的中心点或 [边(E)/侧面(S)]: (在屏幕上左键单击选择某一指定点)

指定底面半径或 [内接(I)] <85.7203>: (输入数据)

指定高度或 [两点(2P)/轴端点(A)/顶面半径(T)] <120.0716>: (输入数据)

其中各选项含义如下：

(1) 边(E)：该选项用于指定棱锥体底面一条边的长度。

(2) 侧面(S)：该选项用于指定棱锥体的侧面数，可以输入 3 到 32 之间的数。

(3) 内接(I)：该选项用于指定棱锥体底面内接于棱锥体的底面半径。

(4) 两点(2P)：该选项用于将棱锥体的高度指定为两个指定点之间的距离。

(5) 轴端点(A)：该选项用于指定棱锥体轴的端点位置。

(6) 顶面半径(T)：该选项用于指定棱锥体的顶面半径，并创建棱锥体平截面。

如图 10-13 所示为当侧面数为 6，底面半径为 100，顶面半径为 50，高度为 150 时，在二维线框视觉样式下棱锥体的显示效果。

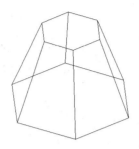

图 10-13 用"棱锥体"命令绘制一棱台

七、楔体

1. 执行途径

- 单击"建模"工具栏或"三维建模空间"面板中的【楔体】按钮 ◿。
- 执行菜单栏中的"绘图"→"建模"→"楔体"命令。
- 在命令行中输入命令"wedge ↙(回车)"。

在 AutoCAD 2010 中，创建楔体与创建长方体的操作方法相同，楔体是长方体沿对角线切成两半后的效果。

【**例 10-1**】 试绘制如图 10-14 所示的 80×50×30 的长方体和 80×50×30 的楔体。

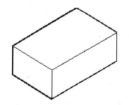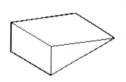

图 10-14 长方体与楔体

2. 命令操作

1) 长方体的绘制

命令：box

指定第一个角点或 [中心(C)]:

指定其他角点或 [立方体(C)/长度(L)]: @80,50

指定高度或 [两点(2P)]: 30

2) 楔体的绘制

命令：wedge

指定第一个角点或 [中心(C)]:

指定其他角点或 [立方体(C)/长度(L)]: @80,50

指定高度或 [两点(2P)] <30.0000>: 30

八、圆环体

1. 执行途径

- 单击"建模"工具栏或"三维建模空间"面板中的【圆环体】按钮 。
- 执行菜单栏中的"绘图"→"建模"→"圆环体"命令。
- 在命令行中输入命令"torus ∠(回车)"。

2. 命令操作

执行命令后,命令行提示信息及操作步骤如下:

指定中心点或 [三点(3P)/两点(2P)/切点、切点、半径(T)]: (在屏幕上左键单击选择某一指定点)

其中各选项含义如下:

(1) 三点(3P): 该选项用于指定的三个点定义圆环体的圆周。

(2) 两点(2P): 该选项用于指定的两个点定义圆环体的圆周。

(3) 切点、切点、半径(T): 该选项使用于指定半径可绘制与两个对象相切的圆环体。

如图 10-15 所示为当指定半径为 500,指定圆管半径为 20 时,在二维线框视觉样式下圆环体的显示效果。

指定半径或 [直径(D)] <100.0000>: (输入数据)

指定圆管半径或 [两点(2P)/直径(D)] <10.7610>: (输入数据)

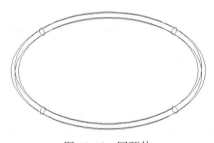

图 10-15　圆环体

任务 3　复杂实体造型

AutoCAD 2010 可以通过先创建基本实体再进行布尔运算来构建三维实体,还可以通过二维图形来创建比较复杂的三维实体,例如,通过对二维图形进行拉伸、旋转、扫掠及放样等操作来创建实体。

一、三维实体的布尔运算

布尔运算包括并集、差集、交集。

（一）并集运算

通过并集运算可以将多个实体重新组合成为一个新的实体。该命令主要用于将多个相交或相接触的对象组合在一起。当组合多个不相交的实体时，虽然其显示效果看起来还是多个实体，但实际上却被当做一个实体对象。

1. 执行途径

- 单击"实体编辑"工具栏或"三维建模空间"面板中的【并集】按钮⑩。
- 执行菜单栏中的"修改"→"实体编辑"→"并集"命令。
- 在命令行中输入命令"union ⟋(回车)"。

2. 命令操作

执行命令后，当提示"选择对象"时，依次选择要合并在一起的三维实体对象即可。图 10-16 为将两个待合并的三维实体(长方体和圆柱体)求并集后的效果。

 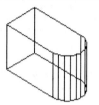

(a) 用作并集运算的实体   (b) 求并集后的效果

图 10-16 并集运算

（二）差集运算

通过差集运算可以从一组实体中删除与另一组实体的公共区域。

1. 执行途径

- 单击"实体编辑"工具栏或"三维建模空间"面板中的【差集】按钮⑩。
- 执行菜单栏中的"修改"→"实体编辑"→"差集"命令。
- 在命令行中输入命令"subtract ⟋(回车)"。

2. 命令操作

使用差集命令时，要注意选择对象的次序，次序不同效果将不一样。应当首先选择被减的实体，按【Enter】键确定，然后再选择要减去的实体。图 10-17(a)所示为两个待求差集的三维实体(长方体和圆柱体)，图 10-17(b)为从长方体中减去圆柱体后的效果，图 10-17(c)为从圆柱体中减去长方体后的效果。

 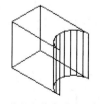 

(a) 用作差集运算的实体   (b) 从长方体中减去圆柱体   (c) 从圆柱体中减去长方体

图 10-17 差集运算

（三）交集运算

通过交集运算可以从两个或两个以上重叠实体的公共部分创建复杂实体。

1. 执行途径

- 单击"实体编辑"工具栏或"三维建模空间"面板中的【交集】按钮⚭。
- 执行菜单栏中的"修改"→"实体编辑"→"交集"命令。
- 在命令行中输入命令"intersect ↙(回车)"。

2. 命令操作

执行命令后，当提示"选择对象"时，依次选择要求交集的三维实体对象即可。图 10-18 为将三维实体(长方体和圆柱体)求交集后的效果。

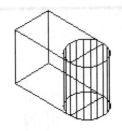 

(a) 用作交集运算的实体　　　　　　　　(b) 求交集后的效果

图 10-18　交集运算

二、将二维图形拉伸成实体

用拉伸的方法绘制实体，就是将二维对象拉伸成三维对象。绘制的二维对象必须是一个整体对象。如果是多个对象，则需要先用"Pedit"(编辑多段线)命令或"面域"命令将它们转换成一个对象，然后才能拉伸。若被拉伸的对象是封闭的二维对象或平面，则拉伸出三维实体；若被拉伸的对象是不封闭的二维对象，则拉伸出曲面。如图 10-19 所示为将二维对象拉伸后并隐藏的效果。

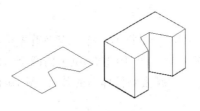 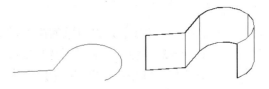

(a) 封闭的二维多段线对象拉伸成实体　　　　(b) 开放的二维多段线对象拉抻成曲面

图 10-19　拉伸二维对象

1. 执行途径

- 单击"建模"工具栏或"三维建模空间"面板中的【拉伸】按钮🗍。
- 执行菜单栏中的"绘图"→"建模"→"拉伸"命令。
- 在命令行中输入命令"extrude ↙(回车)"。

2．命令操作

执行命令后，当提示"选择要拉伸的对象"时，可以选择的拉伸对象有直线、圆弧、椭圆弧、二维多段线、二维样条曲线、圆、椭圆、二维实体、宽线、面域、平面、三维多段线、三维平面、平面曲面、实体上的平面。不能拉伸包含在块中的对象，也不能拉伸具有相交或自交线段的多段线。

命令行提示信息及操作步骤如下：

> 当前线框密度：ISOLINES=4
>
> 选择要拉伸的对象：(在屏幕上选择拉伸对象)
>
> 指定拉伸的高度或 [方向(D)/路径(P)/倾斜角(T)]:

指定拉伸的高度为默认选项，通过直接输入拉伸高度值来拉伸对象。如果输入正值，则将沿对象所在坐标系的 Z 轴正方向拉伸对象；如果输入负值，则将沿 Z 轴负方向拉伸对象。

其中各选项含义如下：

(1) 方向(D)：调用该选项，将通过指定的两点确定拉伸的长度和方向。

(2) 路径(P)：调用该选项，将要求选择基于指定曲线对象的拉伸路径。路径将移动到轮廓的质心，然后沿选定路径拉伸选定对象的轮廓以创建实体或曲面。

(3) 倾斜角(T)：调用该选项，将要求指定一个拉伸角度(-90°～90°)，正角度表示从基准对象逐渐变细地拉伸，负角度则表示从基准对象逐渐变粗地拉伸。默认角度为 0，表示在与二维对象所在平面垂直的方向上进行拉伸。

【例10-2】　试将图 10-20(a)所示的平面曲线拉伸成实体，拉伸高度为 10，拉伸角度为 5°。

操作步骤：

(1) 绘制图 10-16(a)所示的平面图形。

(2) 调用"面域"命令将刚绘制的外围边界轮廓创建为面域。

(3) 调用"拉伸"命令，当提示"选择要拉伸的对象"时，选择面域和圆同时进行拉伸。

(4) 当提示"指定拉伸的高度或 [方向(D)/路径(P)/倾斜角(T)]:"时输入 t，以指定拉伸角度。

(5) 当提示"指定拉伸的倾斜角度< 0 >"时，输入 5。

(6) 当提示"指定拉伸的高度或 [方向(D)/路径(P)/倾斜角(T)]:"时，输入 10。

(7) 切换视图至"东南等轴测"，观察拉伸出的实体效果，如图 10-20(b)所示。

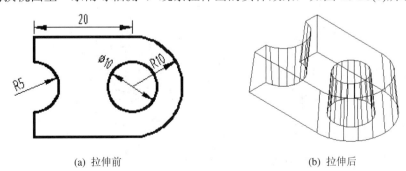

(a) 拉伸前　　　　　　　　　　　　　　　　(b) 拉伸后

图 10-20　将二维图形拉伸成实体

三、将二维图形旋转成实体

用旋转的方法绘制实体，就是将二维对象绕指定的轴线旋转形成三维对象。旋转的二维对象必须是一个整体。如果用直线或圆弧命令绘制旋转用的二维对象，则需要先将它们转换为单条的多段线，然后再旋转。旋转的轴线，可以是直线、多段线对象，也可以指定两个点将其所决定的直线作为轴线。如果旋转闭合对象，则生成实体；如果旋转开放对象，则生成曲面。

1．执行途径

- 单击"建模"工具栏或"三维建模空间"面板中的【旋转】按钮 。
- 执行菜单栏中的"绘图"→"建模"→"旋转"命令。
- 在命令行中输入命令"revolve ✓(回车)"。

2．命令操作

执行命令后，当提示"选择要旋转的对象"时，可以选择的旋转对象有直线、圆弧、椭圆弧、二维多段线、二维样条曲线、圆、椭圆、二维实体、宽线、面域、三维平面、平面曲面、实体上的平面等，但无法对包含相交线段的块或多段线内的对象使用旋转命令。

命令行提示信息及操作步骤如下：

指定轴起点或根据以下选项之一定义轴 [对象(O)/ X/Y/Z] <对象>: (在该提示下定义旋转轴)

其中各选项含义如下：

(1) 指定轴起点：该选项为默认选项，用于指定旋转轴的第一点和第二点，轴的正方向从第一点指向第二点。

(2) 对象(O)：调用该选项，用户可以选择一个对象作为旋转轴。可以作为旋转轴的对象有直线、线性多段线线段、实体或曲面的线性边。轴的正方向由选择对象时的最近端点指向最远端点。

(3) X/Y/Z：调用该选项将分别以当前 UCS 的 X 轴、Y 轴和 Z 轴的正方向作为旋转轴的正方向。

指定了旋转轴后，继续提示"指定旋转角度或 [起点角度(ST)] <360>:"，此时默认输入旋转角度值(−360°～360°)，数值为正将按逆时针方向旋转对象，数值为负将按顺时针方向旋转对象。

如图 10-21 所示为封闭二维多段线对象绕直线旋转而生成的三维实体，图 10-21(b)为隐藏后的效果。

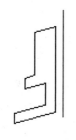

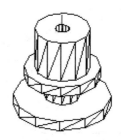

(a) 平面对象   (b) 旋转 360°

图 10-21   将二维图形旋转成实体

四、将二维图形扫掠成实体

使用扫掠命令可以通过沿开放或闭合的二维或三维路径扫掠开放或闭合的平面曲线(轮廓)来创建新曲面或实体。如果沿一条路径扫掠闭合的曲线，则生成实体；如果沿一条路径扫掠开放的曲线，则生成曲面。

1．执行途径

- 单击"建模"工具栏或"三维建模空间"面板中的【扫掠】按钮 🖮 。
- 执行菜单栏中的"绘图"→"建模"→"扫掠"命令。
- 在命令行中输入命令"sweep ✓(回车)"。

2．命令操作

执行命令后，当提示"选择要扫掠的对象"时，可以选择的扫掠对象有直线、圆弧、椭圆弧、二维多段线、二维样条曲线、圆、椭圆、二维实体、宽线、面域、三维平面、平面曲面、实体上的平面等，但无法对包含相交线段的块或多段线内的对象使用扫掠命令。

命令行提示信息及操作步骤如下：

选择扫掠路径或 [对齐(A)/基点(B)/比例(S)/扭曲(T)]: (在该提示下，可直接指定扫掠路径)

其中各选项含义如下：

(1) 对齐(A)：该选项用于设置扫掠前是否对齐垂直于路径的扫掠对象，默认是对齐的。

(2) 基点(B)：该选项用于重新设置扫掠的基点。

(3) 比例(S)：该选项用于设置扫掠的比例因子，指定了该参数后，扫掠效果与单击扫掠路径的位置有关。

(4) 扭曲(T)：该选项设置被扫掠的对象的扭曲角度或指定被扫掠的曲线是否沿三维扫掠路径自然倾斜(旋转)。

如图 10-22 所示为沿螺旋路径扫掠圆而生成的三维实体。

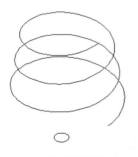

(a) 圆与螺旋路径　　　　　　　　(b) 扫掠后隐藏效果

图 10-22　将二维图形扫掠成实体

五、将二维图形放样成实体

使用"放样"命令可以通过对包含两条或两条以上横截面曲线(曲线或直线)的一组曲线进行放样来创建三维实体或曲面。横截面定义了结果实体或曲面的轮廓形状，在使用"放样"命令时至少必须指定两个横截面。如果对一组闭合的横截面曲线进行放样，则生成实体；如果对一组开放的横截面曲线进行放样，则生成曲面。

1．执行途径

- 单击"建模"工具栏或"三维建模空间"面板中的【放样】按钮 。
- 执行菜单栏中的"绘图"→"建模"→"放样"命令。
- 在命令行中输入命令"loft ↙(回车)"。

2．命令操作

执行命令后，当提示"选择按放样次序选择横截面"时需选择要放样的横截面曲线对象(至少两个)。

命令行提示信息及操作步骤如下：

按放样次序选择横截面：(在屏幕上选择一个横截面)

按放样次序选择横截面：(在屏幕上选择另一个横截面)

输入选项 [导向(G)/路径(P)/仅横截面(C)] <仅横截面>：

其中各选项含义如下：

(1) 导向(G)：该选项使用导向曲线控制放样，每条导向曲线必须要与每一个截面相交，并且起始于第一个截面，终止于最后一个截面。可以为放样曲面或实体选择任意数量的导向曲线。

(2) 路径(P)：该选项要求指定放样实体或曲面的单一路径，该路径必须与全部或部分截面相交。

(3) 仅横截面(C)：使用该选项将打开"放样设置"对话框，在该对话框中可以设置放样横截面上的曲面控制选项，如图10-23所示。

图10-23 "放样设置"对话框

如图 10-24 所示为沿直线路径选择放样圆和矩形两个横截面而生成的三维实体。

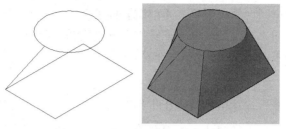

图 10-24　将二维图形放样成实体

任务4　编辑三维实体

在 AutoCAD 2010 中编辑三维实体，不仅可以进行倒圆角、倒斜角、剖切等操作，也可以像编辑二维图形那样执行移动、旋转、对齐、镜像、阵列等命令的操作。

一、对三维实体倒圆角和斜角

在二维空间中的圆角与倒角命令也适用于对三维实体的棱边进行圆角与倒角处理。调用命令后，若选择的对象是三维实体，则自动对三维实体的棱边进行圆角与倒角处理。

1．倒圆角

执行"修改"→"圆角"命令，可以为实体的棱边修圆角，从而在两个相邻面间生成一个圆滑过渡的曲面。在为几条交于同一个点的棱边修圆角时，如果圆角半径相同，则会在该公共点上生成球面的一部分。

2．倒斜角

执行"修改"→"倒角"命令，可以对实体的棱边修倒角，从而在两相邻面间生成一个过渡面。

如图 10-25 所示，在 A 处进行半径为 10 的圆角处理，在 B 处进行距离分别为 10 和 20 的倒角处理。

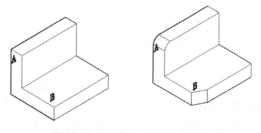

图 10-25　对实体倒圆角和直角

二、剖切实体

该命令可以用平面或曲面剖切实体。

1．执行途径

- 在"三维建模空间"面板中单击【剖切】按钮。
- 执行菜单栏中的"修改"→"三维操作"→"剖切"命令。
- 在命令行中输入命令"slice ✓(回车)"。

2．命令操作

执行命令后，命令行提示信息及操作步骤如下：

选择要剖切的对象: (在屏幕上选择剖切对象)

指定切面的起点或[平面对象(O)/曲面(S)/Z轴(Z)/视图(V)/XY(XY)/YZ(YZ)/ZX(ZX)/三点(3)] <三点>: (在屏幕上选择剖切面，剖切面可以是对象、Z轴、视图、XY/YZ/ZX平面或3点定义的面)

在所需的侧面上指定点或 [保留两个侧面(B)] <保留两个侧面>:(在屏幕上选择保留一侧或两侧)

图10-26(a)为待剖切的实体，剖切平面与当前UCS的YZ平面平行并通过圆心，保留X轴正向一侧的实体，剖切后的实体如图10-26(b)所示。

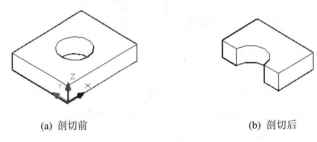

(a) 剖切前　　　　　　　　　　　(b) 剖切后

图10-26　剖切实体

三、三维移动

该命令可以使三维对象沿指定方向移动指定的距离。

1．执行途径

- 在"三维建模空间"面板中单击【三维移动】按钮。
- 执行菜单栏中的"修改"→"三维操作"→"三维移动"命令。
- 在命令行中输入命令"3dmove ✓(回车)"。

2．命令操作

执行命令后，命令行提示信息及操作步骤如下：

选择对象: (在屏幕上选择移动对象)

指定基点或 [位移(D)] <位移>: (选择移动基点或者输入位移数据)

其中位移(D)选项的含义如下：

使用输入的坐标值指定被选定的三维对象的位置的相对距离和方向。

四、三维旋转

该命令可以使对象绕三维空间中任意轴(X轴 Y轴或Z轴)、视图、对象或两点旋转。

1．执行途径

- 在"三维建模空间"面板中单击【三维旋转】按钮⊕。
- 执行菜单栏中的"修改"→"三维操作"→"三维旋转"命令。
- 在命令行中输入命令"sdrotate ✓(回车)"。

2．命令操作

执行命令后，命令行提示信息及操作步骤如下：

　　　UCS 当前的正角方向:ANGDIR=逆时针　ANGBASE=0

　　选择对象:(在屏幕上选择旋转对象)

　　指定基点:(选择旋转基点)

　　拾取旋转轴:(在屏幕上选择旋转轴)

　　指定角的起点或键入角度:(输入旋转角度)

其中：

旋转轴：用户可在三维缩放小控件上指定旋转轴。移动鼠标直至要选择的轴轨迹变为黄色，然后单击以选择此轨迹。

五、三维对齐

该命令可以将三维对象与其他对象对齐。

1．执行途径

- 在"三维建模空间"面板中单击【三维对齐】按钮。
- 执行菜单栏中的"修改"→"三维操作"→"三维对齐"命令。
- 在命令行中输入命令"3dalign ✓(回车)"。

2．命令操作

执行命令后，命令行提示信息及操作步骤如下：

　　　　选择对象:

　　　　指定源平面和方向 ...

　　　　指定基点或 [复制(C)]: (选择移动对象的基点)

　　　　指定第二个点或 [继续(C)] <C>: (选择移动对象的第二点)

　　　　指定第三个点或 [继续(C)] <C>: (选择移动对象的第三点)

　　　　指定目标平面和方向 ...

　　　　指定第一个目标点: (选择移动目标位置对象的基点)

　　　　指定第二个目标点或 [退出(X)] <X>: (选择移动目标位置对象的第二点)

　　　　指定第三个目标点或 [退出(X)] <X>: (选择移动目标位置对象的第三点)

如图 10-27 所示，对图(a)进行三维对齐，调用命令并选择要进行三维对齐的对象后，当提示"指定源平面和方向…"时，依次指定源平面上的基点、第二点和第三点(如图中的 A、B、C 三点)，当提示"指定目标平面和方向…"时，依次指定目标平面上与源平面对应的三个点(如图中的 A'、B'、C'三点)。进行三维对齐后的效果如图(b)所示。

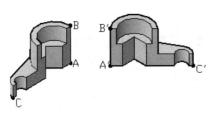 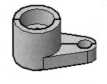

(a) 选择对象　　　　　　　　　(b) 三维对齐后的效果

图 10-27　三维对齐

六、三维镜像

该命令可以在三维空间中将指定对象相对于某一平面镜像。

1. 执行途径

- 在"三维建模空间"面板中单击【三维镜像】按钮 %。
- 执行菜单栏中的"修改"→"三维操作"→"三维镜像"命令。
- 在命令行中输入命令"mirror3d ↙(回车)"。

2. 命令操作

执行命令后，命令行提示信息及操作步骤如下：

选择对象: (在屏幕上选择镜像对象)

指定镜像平面 (三点) 的第一个点或

[对象(O)/最近的(L)/Z 轴(Z)/视图(V)/XY 平面(XY)/YZ 平面(YZ)/ZX 平面(ZX)/三点(3)] <三点>: (选择镜像平面)

是否删除源对象？[是(Y)/否(N)] <否>: (选择是否删除源对象)

如图 10-28 所示，对图(a)进行三维镜像，镜像平面为 YZ 面，三维镜像后的效果如图(b)所示。

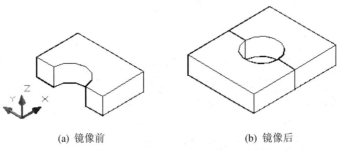

(a) 镜像前　　　　　　　　　(b) 镜像后

图 10-28　三维镜像

七、三维阵列

该命令可以在三维空间中使用环形阵列或矩形阵列方式复制对象。

1. 执行途径

- 在"三维建模空间"面板中单击【三维阵列】按钮 ⊞。
- 执行菜单栏中的"修改"→"三维操作"→"三维阵列"命令。

- 在命令行中输入命令"3darray ✓(回车)"。

2．命令操作

执行命令后，命令行提示信息及操作步骤如下：

选择对象:(在屏幕上选择镜像对象)

输入阵列类型 [矩形(R)/环形(P)] <矩形>:(在屏幕上选则阵列形式)

各选项含义如下：

(1) 矩形阵列：在命令行的"输入阵列类型 [矩形(R)/环形(P)] <矩形>:"提示下，输入R 或者按【Enter】键，可以以矩形阵列方式复制对象，此时需要依次指定阵列的行数、列数，阵列的层数、行间距、列间距及层间距。其中，矩形阵列的行、列、层分别沿着当前UCS 的 X 轴、Y 轴和 Z 轴的方向；若输入某方向的间距值为正值，则表示将沿相应坐标轴的正方向阵列，否则沿反方向阵列。

(2) 环形阵列：在命令行的"输入阵列类型 [矩形(R)/环形(P)] <矩形>:"提示下，输入R，可以以环形阵列方式复制对象，此时需要输入阵列的项目个数，并指定环形阵列的填充角度，确认是否要进行自身旋转，然后指定阵列的中心点及旋转轴上的另一点，确定旋转轴。

输入行数 (---) <1>: (输入阵列行数)

输入列数 (|||) <1>: (输入阵列列数)

输入层数 (...) <1>: (输入阵列层数)

指定行间距 (---): (输入阵列行间距)

指定列间距 (|||): (输入阵列列间距)

指定层间距 (...): (输入阵列层间距)

八、编辑实体的面

执行菜单栏中的"修改"→"实体编辑"子菜单内的命令，可以对三维实体面进行拉伸、移动、偏移、删除、旋转、倾斜、着色和复制等操作。

1．拉伸面

该命令用于将选定的三维实体对象的面拉伸到指定的高度或沿一路径拉伸。其操作方法与用 extrude 命令将二维对象拉伸成实体相似，只不过"拉伸面"命令只适用于对三维实体上的面进行操作，而无法对二维空间中的对象和面域进行拉伸操作。

如图 10-29 所示，是将图 10-29(a) A 处的面拉伸，拉伸高度为 20 个单位，拉伸角度为5°，拉伸后的结果如图 10-29(b)所示。

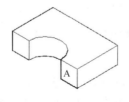
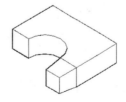

(a) 拉伸面前　　　　　　　　　　(b) 拉伸面后

图 10-29　拉伸面

2．移动面

该命令用于沿指定的高度或距离移动选定的三维实体对象的面。如图 10-30 所示，是将图 10-30(a) A 处的面进行移动，位移的距离为(−15,0,0)，移动后的结果如图 10-30(b)所示。

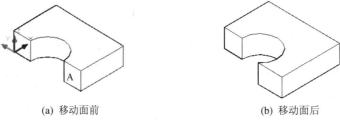

(a) 移动面前　　　　　　　　　　　　　　(b) 移动面后

图 10-30　移动面

3．偏移面

该命令用于按指定的距离或通过指定的点，将面均匀地偏移。正值增大实体尺寸或体积，负值减小实体尺寸或体积。

如图 10-31 所示，将图 10-31(a)的圆柱面进行偏移，偏移距离为−10，偏移后的结果如图 10-31(b)所示。

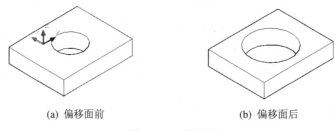

(a) 偏移面前　　　　　　　　　　　　　　(b) 偏移面后

图 10-31　偏移面

4．删除面

该命令用于删除实体上圆角和倒角而成的面。如图 10-32 所示，将图 10-32(a)的 A、B 处的面作为对实体倒圆角和倒角后的面，删除 A、B 处面的结果如图 10-32(b)所示。

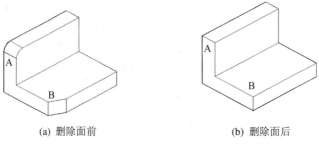

(a) 删除面前　　　　　　　　　　　　　　(b) 删除面后

图 10-32　删除面

5．旋转面

该命令用于绕指定的轴旋转一个或多个面或实体的某些部分。如图 10-33 所示，将图 10-33(a)的 A 处的面进行旋转，轴点为 B 点，旋转轴的另一点为 C 点，旋转角度为 20°，旋转后的结果如图 10-33(b)所示。

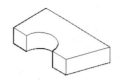

(a) 旋转面前　　　　　　　　　　　　　(b) 旋转面后

图 10-33　旋转面

6．倾斜面

该命令用于按一个角度将面进行倾斜。倾斜角的旋转方向由选择基点和第二点(沿选定矢量)的顺序决定。如图 10-34 所示，将图 10-34(a)的 A 处的面进行倾斜，基点为 B 点，倾斜轴的另一点为 C 点，倾斜角为 20°，倾斜后的结果如图 10-34(b)所示。

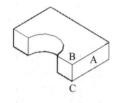

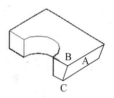

(a) 倾斜面前　　　　　　　　　　　　　(b) 倾斜面后

图 10-34　倾斜面

7．着色面

该命令用于修改面的颜色。如图 10-35 所示，将图 10-35(a)的 A 处的面进行着色，着色后的结果如图 10-35(b)所示。

(a) 着色前　　　　　　　　　　　　　(b) 着色后

图 10-35　着色面

8．复制面

将面复制为面域或体。如图 10-36(a)所示，将图 10-36(a)的 A 处的面进行复制，基点为 B 点，第二点沿 Y 的反方向移动 40 个单位，复制面后的结果如图 10-36(b)所示。

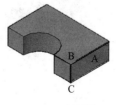

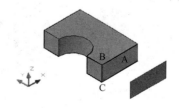

(a) 复制前　　　　　　　　　　　　　(b) 复制后

图 10-36　复制面

九、编辑实体的边和实体

执行菜单栏中的"修改"→"实体编辑"子菜单中的命令，还可以对实体的边进行压印、着色和复制，以及对实体进行清除、分割、抽壳与检查等操作。

(1) 着色和复制：对实体的边进行着色和复制操作与对实体面进行着色和复制的操作方法相同。

(2) 压印：压印用于在选定的三维实体对象上压印一个对象。为了使压印成功，被压印的对象必须与选定对象的一个或多个面相交。"压印"命令仅对圆弧、圆、直线、二维和三维多段线、椭圆、样条曲线、面域、体和三维实体有效。如图 10-37 所示的，是将四个圆压印到长方体表面并删除源对象的结果。

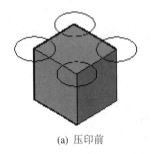 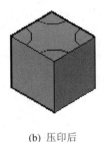

(a) 压印前　　　　　　　　　(b) 压印后

图 10-37　压印

(3) 清除：清除与压印相对应，使用该命令可以将三维实体对象上所有多余的、压印的以及未使用的边都删除。

(4) 分割：分割操作可以将组合实体分割成零件。组合后的三维实体对象不能共享公共的面积或体积。将三维实体分割后，独立的实体将保留原来的图层和颜色。所有嵌套的三维实体对象都将分割成最简单的结构。

(5) 抽壳：抽壳操作可以在三维实体对象中创建指定厚度的薄壁。通过将现有面向原位置的内部或外部偏移来创建新的面，正的偏移值在面的正方向上创建抽壳，负的偏移值在面的负方向上创建抽壳。偏移时，将连续相切的面看作一个面。如图 10-38 所示，将左侧图形的圆锥台进行抽壳，中间图形为删除顶面且抽壳距离为 2 的结果，右侧图形为删除顶面且抽壳距离为-2 的结果。

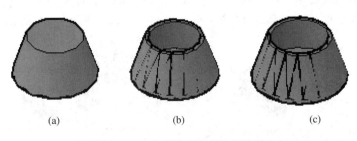

(a)　　　　　　　　(b)　　　　　　　　(c)

图 10-38　对实体"抽壳"的结果

任务5　三维实体渲染

AutoCAD 2010 中的"渲染"命令用于对三维模型进行渲染，包括添加材料、控制光源等，也可以控制实体的反射性和透明性等其他属性，从而生成具有真实感的图片。三维"渲染"命令的执行途径有以下三种：

- 在"三维建模空间"面板中单击相应的命令按钮。
- 在下拉菜单中选取"视图"→"渲染"，选择相应的命令。
- 在"UCS"工具栏中单击相应的命令按钮 ⬡⬡⬡⬡⬡⬡⬡⬡⬡⬡✕。

一、光源

对三维模型进行渲染前，一般要设置光源，光源对于建筑图的渲染效果至关重要。在场景中施加不同的光线，可以影响到实体的颜色、亮度，并能生成阴影。AutoCAD 2010 系统为用户提供了四种类型的光线，即环境光、点光源、聚光灯和平行光。

1. 执行途径

- 在下拉菜单中选取"视图"→"渲染"→"光源"命令。
- 在命令行中输入命令"light ↙(回车)"。

2. 命令说明

环境光是系统的默认光线，用户可启动下拉菜单中相应的命令，如图 10-39 所示，新建其他光源，对光源进行插入、定位和修改等操作。

图 10-39　"光源"下拉菜单

二、材质和贴图

AutoCAD 2010 系统为用户提供了不同的材质和贴图。

(一) 材质

1. 执行途径

- 在下拉菜单中选取"视图"→"渲染"→"材质"命令。
- 在命令行中输入命令"materials ↙(回车)"。

执行"材质"命令后，系统弹出如图 10-40 所示的对话框，该对话框中包含了材质库、选择材质并将材质赋予对象等功能。

图 10-40 "材质"对话框

2．命令说明

(1) "材质编辑器"：该选项用于编辑"图形中可用的材质"面板中选定的材质。

(2) "材质缩放与平铺"：该选项用于指定材质上贴图的缩放和平铺特性。

(3) "材质偏移与预览"：该选项用于指定材质上贴图的偏移和预览特性。

（二）贴图

在 CAD 中给对象附着带纹理的材质后，可以调整对象上纹理贴图的方向。这样使得材质贴图的坐标适应对象的形状，从而使对象贴图的效果不变形，更接近真实效果。

1．执行途径

• 在下拉菜单中选取"视图"→"渲染"→"贴图"命令。

• 在命令行中输入命令"materials ✓(回车)"。

执行"贴图"命令后，系统弹出如图 10-41 所示的"贴图"下拉菜单，可选择四种贴图方式中的一种。

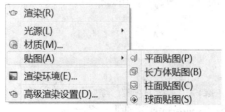

图 10-41 "贴图"下拉菜单

2．命令说明

（1）"平面贴图"：该选项是将图像映射到对象上，就像从幻灯片投影器投影到二维曲面上一样。它不会扭曲纹理，图像也不会失真，而只是调整图像的尺寸以适应对象的大小，一般常用于面的贴图。

（2）"长方体贴图"：该选项可以将图像映射到类似长方体的实体上，它主要是通过调整长方体线框的贴图坐标使其与长方体完全重合，从而使长方体上均匀分布贴图的面积。

（3）"柱面贴图"：该选项可以将图像映射到圆柱形表面上，贴图后水平边将一起弯曲，但顶边和底边不会弯曲，图像的高度将沿圆柱体的轴进行缩放。

（4）"球面贴图"：该选项可以使贴图图像在球面的水平和垂直两个方向上同时弯曲，并且将贴图的顶边和底边在球体的两个极点处压缩为一个点。

三、高级渲染设置

"高级渲染设置"对话框中包含渲染器的主要控件，如图 10-42 所示。可以从预定义的渲染设置中选择，也可以进行自定义设置。其执行途径如下：

图 10-42 "高级渲染设置"对话框

- 在下拉菜单中选取"视图"→"渲染"→"高级渲染设置"命令。
- 在命令行中输入命令"rpref ↙(回车)"。

四、渲染

"渲染"命令中习惯使用缺省设置来处理当前视图中的图形。

实 训 10

实训 10.1　根据给定的投影图及尺寸建立正六边形门洞的实体模型

一、实训内容

根据图 10-43 所给的尺寸，建立实体模型，通过本实训，熟悉实体建模命令和实体编辑命令的操作。

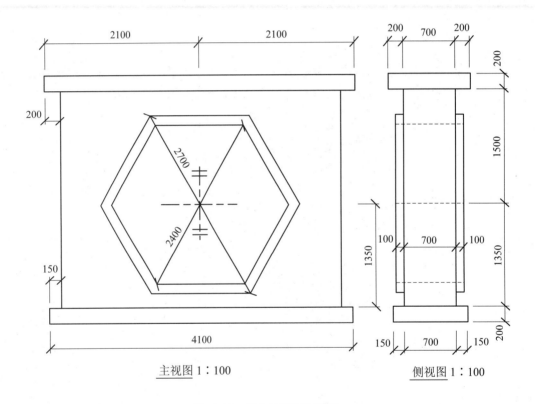

主视图 1∶100　　　　　　　　　　侧视图 1∶100

图 10-43　正六边形门洞视图

二、操作提示

(1) 新建图形文件。

(2) 研究图形，清楚本实体图形在各坐标系里的尺寸及位置。

(3) 用"长方体"命令创建墙体。

(4) 用"二维图形拉伸"命令创建正六边形门。

(5) 用"差集"命令在墙体中减去正六边形门。

(6) 选择合适的角度观看实体模型，检查尺寸是否如图 10-44 所示。

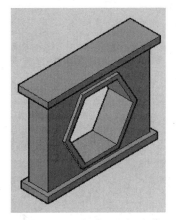

图 10-44 正六边形门洞实体

实训 10.2 根据给定的投影尺寸建立门廊的实体模型

一、实训内容

根据图 10-45 所给的尺寸，建立实体模型，通过本实训，熟悉实体命令的操作。

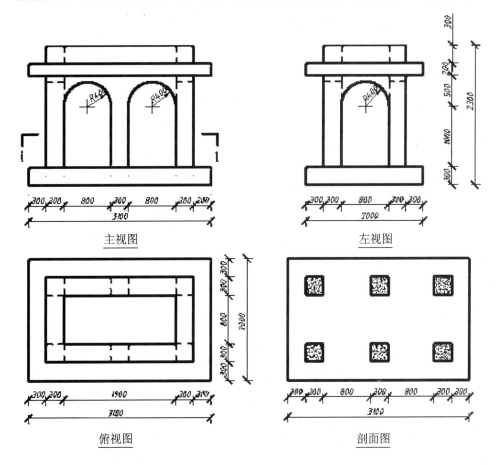

图 10-45 门廊视图

二、操作提示

(1) 新建图形文件。

(2) 研究图形，清楚本实体图形在各坐标系里的尺寸及位置。

(3) 用"长方体"命令创建底板、顶板和墙体。

(4) 用"二维图形拉伸"命令创建拱门。

(5) 用"差集"命令在墙体中减去拱门。

(6) 选择合适的角度观看实体模型，检查尺寸是否如图 10-46 所示。

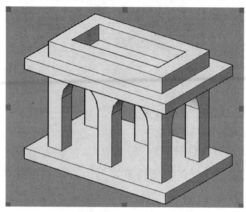

图 10-46　门廊实体

项目十一

打 印 输 出

AutoCAD 2010 提供了图形输入与输出接口，不仅可以将其他应用程序中处理好的数据传送给 CAD，以显示其图形，还可以将在其中绘制好的图形打印出来，或者把它们的信息传送给其他应用程序。

此外，为适应互联网络的快速发展，使用户能够快速有效地共享设计信息。AutoCAD 2010 强化了其 Internet 功能，使其与互联网相关的操作更加方便、高效，可以创建 Web 格式的文件(DWF)，以及发布 AutoCAD 图形文件到 Web 页。

任务 1   认识打印空间

在 AutoCAD 2010 中，为了便于输出各种规格的图纸，系统提供了两种工作空间：一种是模型空间(如图 11-1)，它用于绘制图形，以及为图形标注尺寸。初学者打印图形一般都

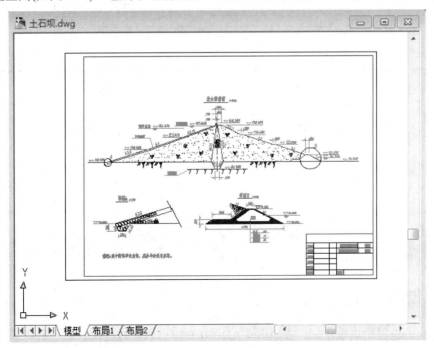

图 11-1   模型空间

是在"模型"空间中进行的,此时的打印操作方便、简单,但此空间在图形的打印输出功能上有所限制,用户仅能以单一的比例进行打印,并且打印比例不容易调整;另一种是"布局"空间,它完全模拟图纸,用户可以在其中为图形输入注释信息。绘制标题栏和图纸框等。在"布局"空间中,用户不仅可以单视口、单比例的方式打印图形,还可以多视口、多比例的方式打印。此时,用户还可以为图形创建多个布局图,以适应各种不同的要求。

AutoCAD默认设置下为"模型"空间,如图11-1所示,用户如果需要切换到"布局"空间,如图11-2所示,可以通过单击绘图区下部的标签实现,如图11-3所示。

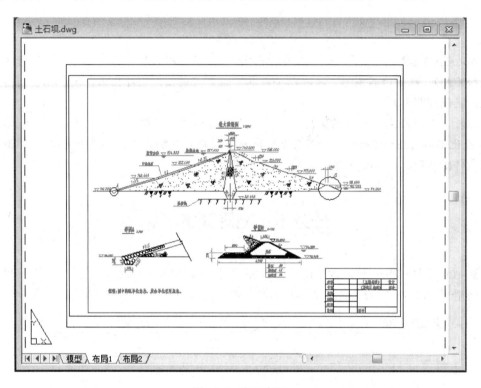

图11-2　布局空间

图11-3　打印空间切换标签

任务2　打印设备

一、输出设备的设置

在电脑中设置输出设备后,在AutoCAD 2010中可以通过绘图仪输出打印图形,绘图仪需要在红"A"图标文件→"打印"→"管理绘图仪"中设置,具体步骤如下:

(1) 选择菜单栏中的"文件"→"打印"→"管理绘图仪"后，打开如图 11-4 所示的"Plotters"窗口。

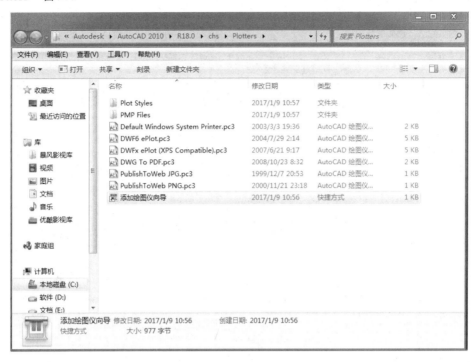

图 11-4　管理绘图仪窗口

(2) 在此窗口中双击【添加绘图仪向导】图标，打开如图 11-5 所示的"添加绘图仪-简介"对话框。

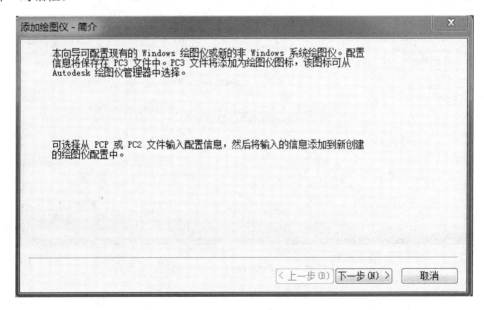

图 11-5　"添加绘图仪-简介"对话框

(3) 依次单击【下一步】按钮，打开"添加绘图仪-绘图仪型号"对话框，设置绘图仪型号及生产商，如图 11-6 所示。

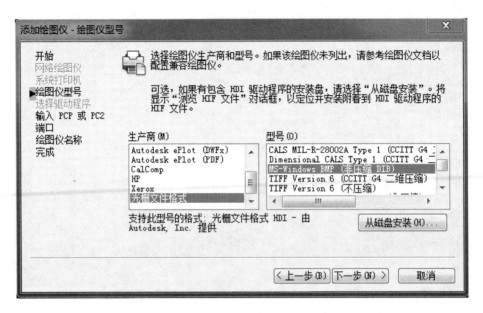

图 11-6　"添加绘图仪-绘图仪型号"对话框

(4) 依次单击【下一步】按钮，直接打开"添加绘图仪-完成"对话框，如图 11-7 所示。

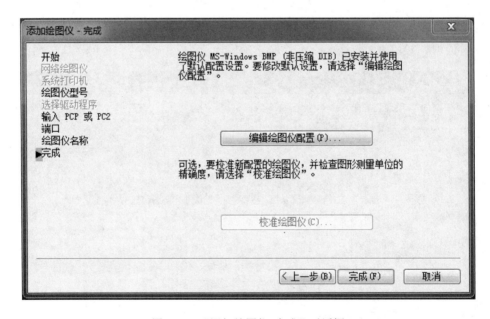

图 11-7　"添加绘图仪-完成"对话框

(5) 单击【完成】按钮，至此就添加了一个名为"MS-Windows BMP(非压缩 DIB)"的绘图仪，绘图仪会自动出现在"Plotters"窗口，如图 11-8 所示。

图 11-8 添加的绘图仪会显示在"Plotters"窗口

二、打印样式的设置

在 AutoCAD 中,系统提供了两种打印样式:颜色相关打印样式和命名打印样式。其中,颜色相关打印样式是根据图形中的颜色来确定出图效果,因此我们可以通过图层给对象设置不同的颜色,然后利用打印样式表来指定每种颜色的输出特性,如线宽、线型等;命名打印样式的出图效果与颜色无关。颜色相关打印样式文件扩展名为".ctb"。命名打印样式是由命名打印样式表定义的,可以独立于图形对象的颜色使用,不需要考虑图层及对象的颜色。命名打印样式文件扩展名为".stb"。

下面通过添加名为"c1"的颜色相关打印样式表,学习打印样式的设置技巧和方法。

(1) 选择"工具"→"选项"后,在弹出如图 11-9 所示的"选项"对话框中单击"打印和发布"选项卡,根据自己安装的打印机型号设置默认输出设备,设置完毕后单击【确定】按钮。

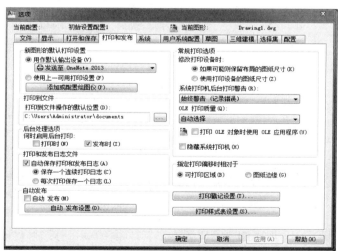

图 11-9 "选项"对话框

(2) 选择"文件"→"打印",打开如图11-10所示的"打印-模型"对话框,在"打印机"→"绘图仪"设置区中选择打印机的名称。

(3) 单击对话框右下角的按钮 ⊙ ,在"打印样式表(笔指定)"下拉列表中选择"新建",如图11-11所示。

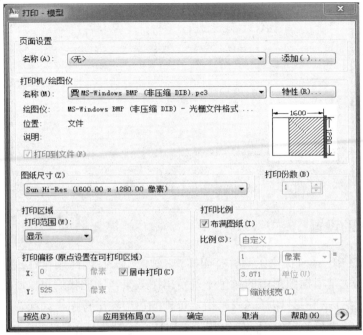

图11-10 "打印-模型"对话框

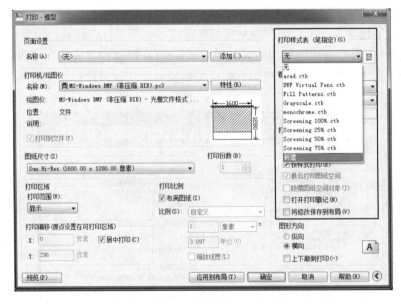

图11-11 "打印样式表"下拉列表

(4) 在弹出如图11-12所示的"添加颜色相关打印样式表-开始"对话框中,单击选项"创建新打印样式表"单选钮后,单击【下一步】按钮。

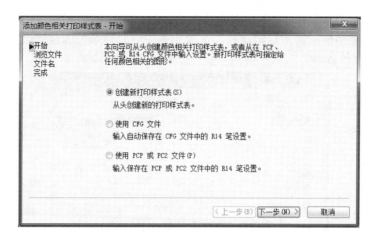

图 11-12 "添加颜色相关打印样式表-开始"对话框

(5) 在弹出如图 11-13 所示的"添加颜色相关打印样式表-文件名"对话框中输入"c1"。

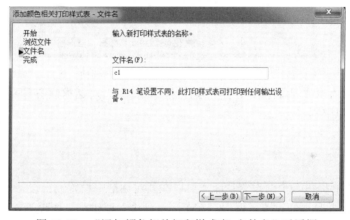

图 11-13 "添加颜色相关打印样式表-文件名"对话框

(6) 单击【下一步】按钮，打开如图 11-14 所示的"添加颜色相关打印样式表-完成"对话框，选中"对当前图形使用此样式表"复选框，最后单击【完成】按钮，返回"打印-模型"对话框。

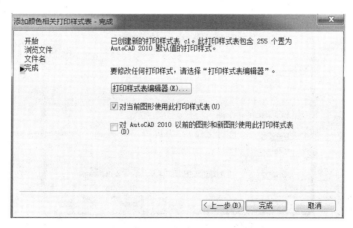

图 11-14 "添加颜色相关打印样式表-完成"对话框

(7) 单击"打印样式表"设置区中的【编辑】按钮 ，打开如图 11-15 所示的"打印样式表编辑器"对话框，将"打印样式"下拉列表中前八种颜色的线宽设置为 0.25，将第 255 种颜色的线宽设置为 0.5。

图 11-15 "打印样式表编辑器"对话框

(8) 单击【保存并关闭】按钮，返回到"打印-模型"对话框。打印样式设置完成，可以在输出图纸时使用它了。

三、页面设置

AutoCAD 2010 提供有页面设置功能，可以在其对话框中设置输出设备、图纸尺寸、打印区域等输出参数，并且页面设置可以保存在图形文件中。要进行页面设置，可执行如下操作：

(1) 选择菜单栏中的"文件"→"打印"→"页面设置"，弹出如图 11-16 所示的"页面设置管理器"对话框。

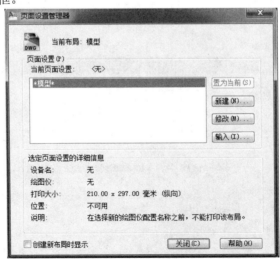

图 11-16 "页面设置管理器"对话框

(2) 单击【修改】按钮，打开如图 11-17 所示的"页面设置-模型"对话框，然后利用该对话框设置输出设备、图纸尺寸等。

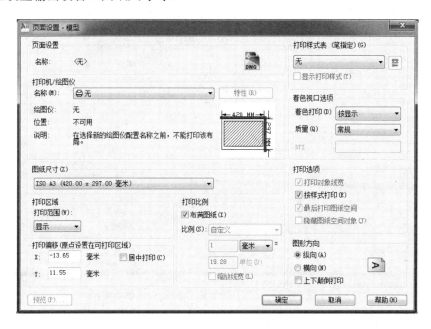

图 11-17 "页面设置-模型"对话框

(3) 修改结束后，可单击【确定】按钮返回"页面设置管理器"对话框。要新建一个页面设置，可单击【新建】按钮打开如图 11-18 所示的"新建页面设置"对话框。

图 11-18 "新建页面设置"对话框

(4) 设置好"新页面设置名"后，单击【确定】按钮，系统打开如图 11-19 所示的"页面设置-模型"对话框，用户可利用该对话框设置输出设备和图纸尺寸等参数。

图 11-19 "页面设置-模型"对话框

(5) 设置好页面参数后，单击【确定】按钮，新建页面设置名称出现在如图 11-20 所示的"当前页面设置"列表中。

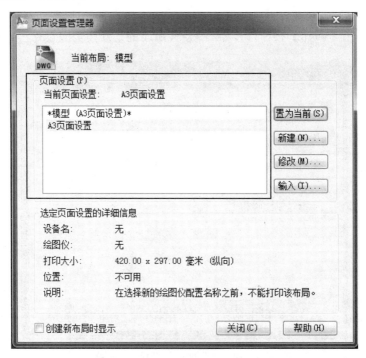

图 11-20 "当前页面设置"列表

(6) 如果希望将该页面设置作为当前页面设置，可单击【置为当前】按钮。如此一来，以后再打印或打印预览模型空间图形时，系统会自动调用该页面设置。

四、打印设置

在 AutoCAD 2010 中，可以使用"打印"对话框打印输出图形。当在绘图窗口中选择一个"布局"选项卡后，选择"文件"→"打印"，打开相应的对话框，如图 11-21 所示。

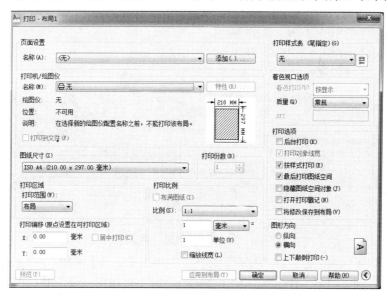

图 11-21　"打印-布局 1"对话框

该对话框的内容与"页面设置"对话框中的内容基本相同，此外还可以设置以下选项：

（1）"页面设置"选项区域的"名称"下拉列表框：该选项可以选择打印设置，并能够随时保存、命名和恢复"打印"和"页面设置"对话框中的所有设置。单击【添加】按钮，打开"添加页面设置"对话框，可以从中添加新的页面设置，如图 11-22 所示。

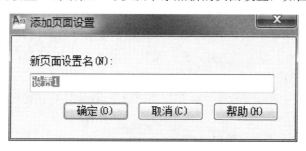

图 11-22　"添加页面设置"对话框

（2）"打印机/绘图仪"选项区域中的"打印到文件"复选框：该选项可以指示将选定的布局发送到打印文件，而不是发送到打印机。

（3）"打印份数"文本框：该选项可以设置每次打印图纸的份数。

（4）在"打印选项"选项区域中，选中"后台打印"复选框，可以在后台打印图形；选中"将修改保存到布局"复选框，可以将"打印-布局 1"对话框中改变的设置保存到布局中；选中"打开打印戳记"复选框，可以在每个输出图形的某个角落上显示绘图标记，以及生成日志文件，此时单击其后的【打印戳记设置】按钮，将打开"打印戳记"对话框，可以设置打印戳记字段，包括图形名、布局名称、日期和时间、打印比例、设备名及图纸尺寸等，还可以定义自己的字段，如图 11-23 所示。

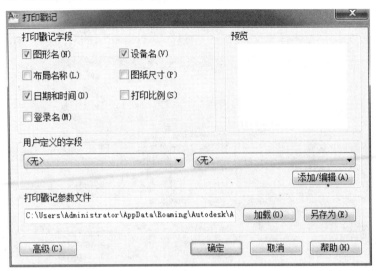

图 11-23　"打印戳记"对话框

各部分都设置完成之后，在"打印"对话框中单击【完成】按钮，AutoCAD 2010 将开始输出图形，并动态显示绘图进度。如果图形输出时出现错误或要中断绘图，可按【Esc】键，AutoCAD 2010 将结束图形输出。

任务3　在模型空间输出图形

初学者打印图形一般都是在"模型"空间中进行，此时的打印操作方便、简单。要执行"打印"命令，可选择"文件"→"打印"菜单，在命令行中输入"PLOT"命令，或单击"标准"工具栏中的"打印"工具，此时系统会弹出"打印-模型"对话框，然后在该对话框中设置其相关参数，即可输出图纸了。

下面通过在模型空间打印输出"渡槽"为例，来学习模型空间输出图形的操作技巧和方法。

(1) 打开"渡槽.dwg"，如图 11-24 所示。

(2) 选择"文件"→"打印"命令，在弹出的"打印-模型"对话框中设置其相关参数，包括选择"打印机/绘图仪"、"图纸尺寸"、"打印样式表"、"打印范围"等。本例具体参数设置如图 11-25 所示。

(3) 单击【预览】按钮，即可预览到图形输出是否符合要求。若不符合，可在"打印-模型"对话框中进一步修改相关参数。本例预览效果如图 11-26 所示。

(4) 若符合输出要求，可单击【确定】按钮，在弹出如图 11-27 所示的"浏览打印文件"对话框中设置输出文件保存的位置、文件名和文件类型后，单击【保存】按钮即可输出图纸了。

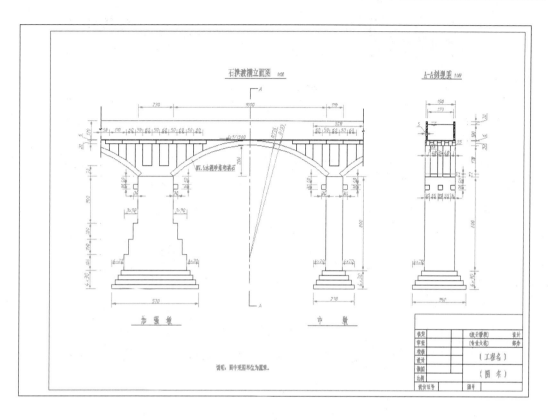

图 11-24　渡槽立面图

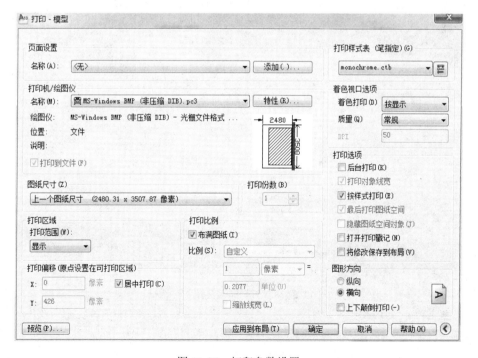

图 11-25　打印参数设置

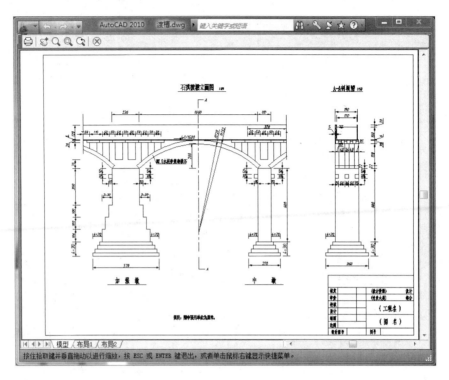

图 11-26 输出图形预览效果

图 11-27 "浏览打印文件"对话框

（5）待打印进度条显示打印完成后，便可在"浏览打印文件"对话框中设置的输出文件保存位置中找到输出的图纸，本例输出图纸如图 11-28 所示。

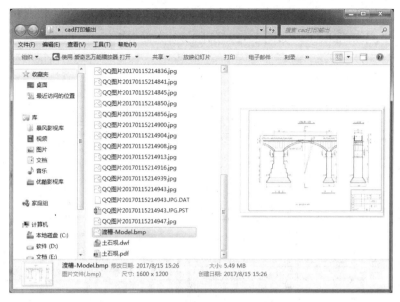

图 11-28　打印输出的"渡槽"

任务4　发 布 图 形

一、发布 DWF 文件

现在，国际上通常采用 DWF(Drawing Web Format，图形网络格式)图形文件格式，DWF 文件可在任何装有网络浏览器和 Autodesk WHIP！插件的计算机中打开、查看和输出。

DWF 文件支持图形文件的实时移动和缩放，并支持控制图层、命名视图和嵌入链接显示效果。DWF 文件是矢量压缩格式的文件，可提高图形文件打开和传输的速度，缩短下载时间。以矢量格式保存的 DWF 文件，完整地保留了打印输出属性和超链接信息，并且在进行局部放大时，基本能够保持图形的准确性。

二、输出 DWF 文件

要输出 DWF 文件，必须先创建 DWF 文件，在这之前还应创建 ePlot 配置文件。使用配置文件 ePlot.pc3 可创建带有白色背景和纸张边界的 DWF 文件。

通过 AutoCAD 2010 的 ePlot 功能，可将电子图形文件发布到 Internet 上，所创建的文件以 Web 图形格式(DWF)保存。用户可在安装了 Internet 浏览器和 Autodesk WHIP！插件的任何计算机中打开、查看和打印 DWF 文件。DWF 文件支持实时平移和缩放，可控制图层、命名视图和嵌入超链接的显示。

在使用 ePlot 功能时，系统先按建议的名称创建一个虚拟电子出图。通过 ePlot 可指定多种设置，如指定画笔、旋转和图纸尺寸等，所有这些设置都会影响 DWF 文件的打印外观。

下面通过创建 DWF 文件为例，来学习输出 DWF 文件的操作技巧和方法。

(1) 打开"配筋图.dwg"，如图 11-29 所示。

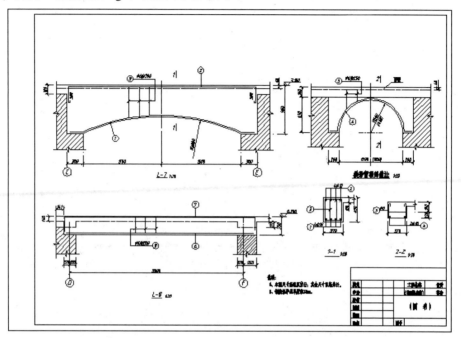

图 11-29　配筋图

(2) 选择"文件"→"打印"，打开"打印-布局 1"对话框。

(3) 在"打印机/绘图仪"选项区域的"名称"下拉列表框中，选择"DWF6 ePlot. pc3"选项，如图 11-30 所示。

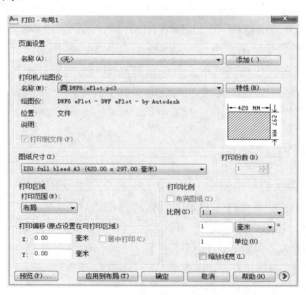

图 11-30　"打印-布局 1"对话框的设置

(4) 单击【确定】按钮，在打开的"浏览打印文件"对话框中设置 ePlot 文件和路径，如图 11-31 所示。

图 11-31 在"浏览打印文件"对话框中设置文件名和保存位置

(5) 单击【保存】按钮即可完成 DWF 文件的创建操作。

三、在外部浏览器中浏览 DWF 文件

如果在计算机系统中安装了 4.0 或以上版本的 WHIP! 插件和浏览器，则可在 Internet Explorer 或 Netscape Communicator 浏览器中查看 DWF 文件。如果 DWF 文件包含图层和命名视图，还可以在浏览器中控制其显示特征。如上例中输出的 DWF 文件可以在 Internet 浏览器中查看其效果图。

四、将图形发布到 Web 页

在 AutoCAD 2010 中，选择"文件"→"网上发布"，即使熟悉 HTML 代码，也可以方便、迅速地创建格式化 Web 页，该 Web 页包含有 AutoCAD 2010 图形的 DWF、PNG 或 JPEG 等格式图像。一旦创建了 Web 页，就可以将其发布到 Internet 上。

实训 11 打印房屋平面图

一、实训内容
按照模型空间打印项目 8 中的图 8-26 一层平面图。

二、操作提示
(1) 打开绘制好的 CAD 图形文件。

(2) 在模型界面设置打印参数(打印机/绘图仪、图纸尺寸、打印样式、打印范围等)。

(3) 预览图形，调整参数。

(4) 输出图形。

参 考 文 献

[1] 董岚，刘华斌. 建筑工程 CAD[M]. 郑州：黄河水利出版社，2011.

[2] 卢德友. 2010 中文版实用教程[M]. 郑州：黄河水利出版社，2012.

[3] 董岚. 建筑 CAD[M]. 长沙：国防科技大学出版社，2013.

[4] 田明武. 水利工程制图与 AutoCAD [M]. 北京：中国水利水电出版社，2013.

[5] 王君明，马巧娥. 建筑工程 AutoCAD [M]. 郑州：黄河水利出版社，2011.

[6] 杨谆. 土木与建筑类 CAD 技能一级 AutoCAD 培训教材[M]. 北京：清华大学出版社，2010.